SHODENSHA
SHINSHO

ヴィジュアル版
すごい！ へんてこ生物

NHK「へんてこ生物アカデミー」制作班／監修

JN099726

祥伝社新書

まえがき

貴重な映像を惜しみなく使った、NHK「へんてこ生物アカデミー」は、過去3回放送されてきました。そして今回、その魅力を書籍というかたちでお届けすることになりました。番組の魅力がちゃんと伝わるように、この本も「ヴィジュアル版」として、多数の写真が掲載されています。

美しい動物、かわいらしい動物、ときに不気味な動物――。しかし、考えてみると彼らは何も人間を楽しませたり、驚かせたりするためにあのような姿態をしているわけではありません。たとえば本書には「人間すぎる花」としてオルキス・イタリカという植物が紹介されています。確かに、人間のようにしか見えないのですが、それは私たちがいかに囚《とら》われた見方をしているかを証明しているのではないでしょうか。

そう、私たちはたえず囚われた見方をしており、その囚われ方には一定の傾向があるのです。つまり、私たちはたえず自分たちを基準にして、人間社会における価値判断を、つい動物たちの世界にも持ち込んでしまうのです。だから、クオッカは笑顔だと思ってしまうのです。これはある種の人間中心主義と言えるのではないでしょうか?

僕は、この番組によって知らず知らずのうちに自分が陥っていた人間中心主義に気づかされたように思います。

他にも学んだことがあります。

それは、動物たちは、与えられた環境のなかで、ベストの生《せい》を模索しているということです。「優秀な人間は環境に不満を言わない」――これは僕の持論です。これに対しては、「あなたが恵まれた環境に生きてきたからだろう」という批判も時折受けます。しかし、少なくとも僕の知る「優秀な」人は不満を言わずに済むように環境を変える努力をするか、そこで出来ることのベストは何かを真剣に考えます。

たとえば、太陽も届かないような深海で、自らの子孫を残さなければならないミッションを課された動物たちが、「ここでは繁殖の相手が見つからないよ」と不満を言っているだけでは、種が滅んでいくだけです。では、どうすればよいのか。本書では、その一つの答えをチョウチンアンコウが示してくれています。

動物たちも、まったく環境を変えないわけではないでしょう。しかし、多くは与えられた環境のなかで「不満」を言わずに、そこでの最良の生を追求しているように思えるのです。だから、僕にはすべての生物が、極めて「優秀な」ように思えてしまうのです。

一方で、環境を変える能力を持つ私たち人間は、気に入らない環境を「泣かぬなら殺してしまえホトトギス」とばかりに改変し、結果的には現在、様々な環境問題が生じています。しかし、環境を改変しなくては、人間は生きてはいけない——なかなか、難しい問題です。

僕はこの番組において「塾長」を拝命し、動物たちの様子を、僕なりに考えた言葉を用いて表現しました。そこには、人間の習性として、言葉で整理しないと本当には理解できないという思いもありました。しかし一方で、それらの表現が、僕の「囚われた見方」の言語化にすぎないことも自覚しています。だから、皆さんが、ご自身の言葉で表現されることを望んでいます。皆さん自身の言葉を見つけて、皆さんと世界との新たな関係を拓《ひら》いてください。人間は、世界との関係を自身の言葉を通じて拓いていくものですから。

いろいろ述べてまいりましたが、この本を読んで、素直に驚いていただいても構わないし、何らかの教訓を見出していただいても構いません。そんな、様々な読み方を可能にする、豊かな内容を備えた書の出版に関われたことを、とても幸運に思っています。そして、様々な苦労を乗り越えて出版にこぎつけたスタッフの方々に心の底から感謝しています。

へんてこ生物アカデミー塾長　林 修

目次——すごい！　へんてこ生物

■編集協力
宮竹貴久（岡山大学大学院環境生命科学研究科教授）
株式会社 ワタナベエンターテインメント

■執筆協力
橋本裕子

■本文DTP
黒坂浩（アルファヴィル・デザイン）

■海外リサーチ
ボノボ・コミュニケーションズ　山本美和
Marcom Global Group

1章

生命38億年の歴史

地球カレンダー

地球誕生からの46億年を365日に換算したもの。1260万年を1日として表している。われわれ人類の歴史がいかに浅いかがわかる。

1月
- 1月1日　地球が誕生

2月

3月
- 3月初旬　最初の生命が現れる

4月

5月
- 5月末　酸素が発生

6月

7月
- 7月17日頃　真核生物が登場

8月

9月

10月

11月

- 11月中旬　全球凍結／エディアカラ生物群が登場
- 11月18日頃　カンブリア爆発／目をもつ生物が登場
- 11月26日頃　オルドビス紀末の大量絶滅
- 11月28日頃　魚類の系統がすべてそろう

12月

- 12月2日頃　両生類が登場／デボン紀後期の大量絶滅
- 12月7日頃　爬虫類と初期の単弓類が登場
- 12月9日頃　超大陸パンゲアの完成
- 12月11日頃　ペルム紀末の大量絶滅
- 12月13日頃　恐竜と哺乳類が登場
- 12月14日頃　三畳紀末の大量絶滅
- 12月15日頃　超大陸パンゲアが分裂し始める
- 12月18日頃　有胎盤類が登場
- 12月21日頃　ローラシア大陸と南アメリカとアフリカが分裂
- 12月26日頃　白亜紀末の大量絶滅
- 12月27日頃　哺乳類が多様化
- 12月31日　午前11時頃　人類が誕生
- 12月31日　午後8時35分頃　原人がユーラシア大陸に拡散
- 12月31日　午後11時20分頃　ネアンデルタール人が登場
- 12月31日　午後11時37分頃　ホモ・サピエンスが登場

出典:『NHKスペシャル　生命大躍進』(NHK出版)

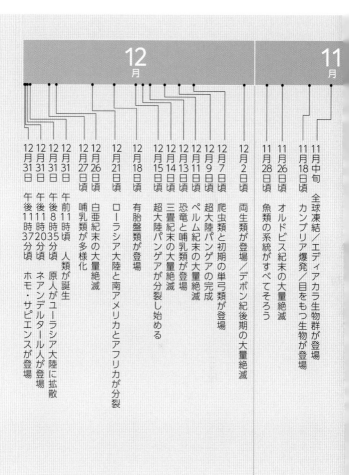

われわれが暮らす地球は、「生物の惑星」である。陸上はもちろん、空、深い海の底、地中深くにいたるまで、じつに多くの種類の生物が生きている。

そうした生命は、いったいいつ誕生したのだろうか？

●約46億年前――地球の誕生

地球上に暮らす生物にとって欠かせない存在である太陽は、およそ46億年前に誕生した。その直後、無数の微惑星《びわくせい》が衝突や合体を繰り返し、地球も生まれた。その後も地球には、微惑星や隕石の激しい衝突が続き、その熱によって地球の表面は溶《と》けて、マグマで覆われた。

ようやく隕石の雨がやんだのは、今からおよそ40億年前のことと推測されている。やがて地球の表層は冷えて固まり、地殻《ちかく》が形成された。もしそれよりも前に、生命が誕生していたとしても、火の玉のような地球では生き延びられなかっただろう。

40億年前から25億年前までの時代を「始生代《しせいだい》（太古代《たいこだい》）」と呼ぶが、この時代のものとされる太古の地層が世界各地に存在している。

なかでも北極海と北大西洋の間に位置するグリーンランドで見つかった約38億年前の地層からは、「枕状溶岩《まくらじょうようがん》」が発見された。枕状溶岩はマグマが海水によって冷やされた際にできる。このことから、すでに38億年前には、地球上に海があったと推測されている。マグマの海が広がっていた地球は、やがて「水の惑星」となった。

●約38億年前——生命の誕生

1999年、デンマークの地質学者ミニック・ロージングは、やはりグリーンランドの38億年前の地層から、地球上に存在したもっとも古い生命と推測される痕跡を発見した。それは炭素の塊《かたまり》である黒いしみ。なぜ、これが生命の痕跡といわれているのだろうか。

炭素には、軽い炭素と重い炭素が存在する。生物が二酸化炭素などを取り込む際には、軽い炭素がより先に吸収される。ロージングが発見した炭素の塊は、軽い炭素が濃縮されたものだった。つまり、この黒いしみこそが、約38億年前の地球に、何らかの生物が存在していた証《あかし》と考えられるのだ。

その最古の生物は、海のなかで誕生した。当時、地球の大気中には二酸化炭素が多く、酸素がほとんど含まれていなかった。そのため上空大気中には、現在のように有害な紫外線を吸収するオゾン層もなかった。強烈な紫外線が降り注ぐ陸上は、生物が生存するには過酷すぎる環境だったのである。

CG:「NHKスペシャル　生命大躍進」より
5億年前のカンブリア紀、５つの
目をもち、頭から伸びるノズルで
ほかの生物を捕食するオパビニア

CG:「NHKスペシャル　地球大進化 46億年·人類への旅」より
3億6000万年前の原始的な両生類であるアカントステガ。
浅瀬の移動で四肢を発達させたと考えられている

はるかなる生命の歴史の中で…

原始的な両生類が上陸し、新たな歴史が切り開かれていった

CG：「NHKスペシャル　地球大進化 46億年・人類への旅」より

CG：「NHKスペシャル　生命大躍進」より

1億4500万～6550万年の中生代白亜紀には、恐竜たちがさまざまに進化。隆盛を極めた

●約35億年～10億年前――単細胞生物、多細胞生物の誕生

初期の生物はすべて単細胞の原核《げんかく》生物だった。核膜《かくまく》がなく、原始的な細胞核しかもたない原核生物は、海のなかを漂《ただよ》う有機物を利用して、酸素を使わずに生きていた。

しかし35億年前くらいになると、光合成によって、二酸化炭素と水から有機物をつくり出せる藍藻《らんそう》植物が登場する。藍藻植物は、二酸化炭素を吸収し、酸素を放出したため、地球上の大気には大量の酸素が含まれるようになった。

原核生物は、長い年月をかけて多様な進化を続け、21億年前には、核をもった真核生物が現れる。真核生物は、酸素を利用することでさらに複雑な細胞をもつようになっていった。

この真核生物が登場した時代を「原生代《げんせいだい》」という。近年、多くの研究者のあいだでは、この原生代に地球全体が凍《こお》りつく、大きな環境変動が起こったとする考えが主流を占めるようになった。スノーボール・アース（雪玉地球）現象といわれるこの大氷河期の存在が、その後の生物に大きな変容をもたらした一因と考えられているのだ。生物は過酷な環境を生き延びようと、さらにゆっくりと進化の道を歩み、およそ10億年前には多細胞生物が誕生した。

●約5億4000万年前——カンブリア爆発

約5億4000万年前からの「カンブリア紀」には、太古の大陸であるゴンドワナをはじめ、地球上には複数の大陸が存在していた。

現在、動物は30以上の門《もん》に分類されているが、カンブリア紀にはそのすべての祖先となる生物が出現したといわれる。軟体動物や節足動物、われわれの祖先である脊索《せきさく》動物などである。こうした多様な生物が一気に出現したことを「カンブリア爆発」と呼ぶ。この時代に生物は、「目」を獲得し、「食う・食われる」の過酷な生存競争と進化が促《うなが》された。

●約2億3000万年前——恐竜の登場

地球の上空にオゾン層が形成されたことで、陸上でも暮らせるようになった生物たち。中生代《ちゅうせいだい》の三畳紀《さんじょうき》後期から白亜紀まで(約2億3000万年～6550万年前)、陸、海、そして空のすべてを支配する生物が現れた。直立する大型の爬虫類《はちゅうるい》——そう、恐竜である。

しかし、地球の覇者となった恐竜は、およそ6550万年前、突如地球上から姿を消した。恐竜の絶滅にあたっては、直径10キロメートルの巨大隕石が地球に衝突したという巨大隕石衝突説が有力とされている。地球では、これまで「ビッグ・ファイブ」と呼ばれている大量絶滅が起きている。こうした大量絶滅は、生態系の変化と生物の多様性を促す重

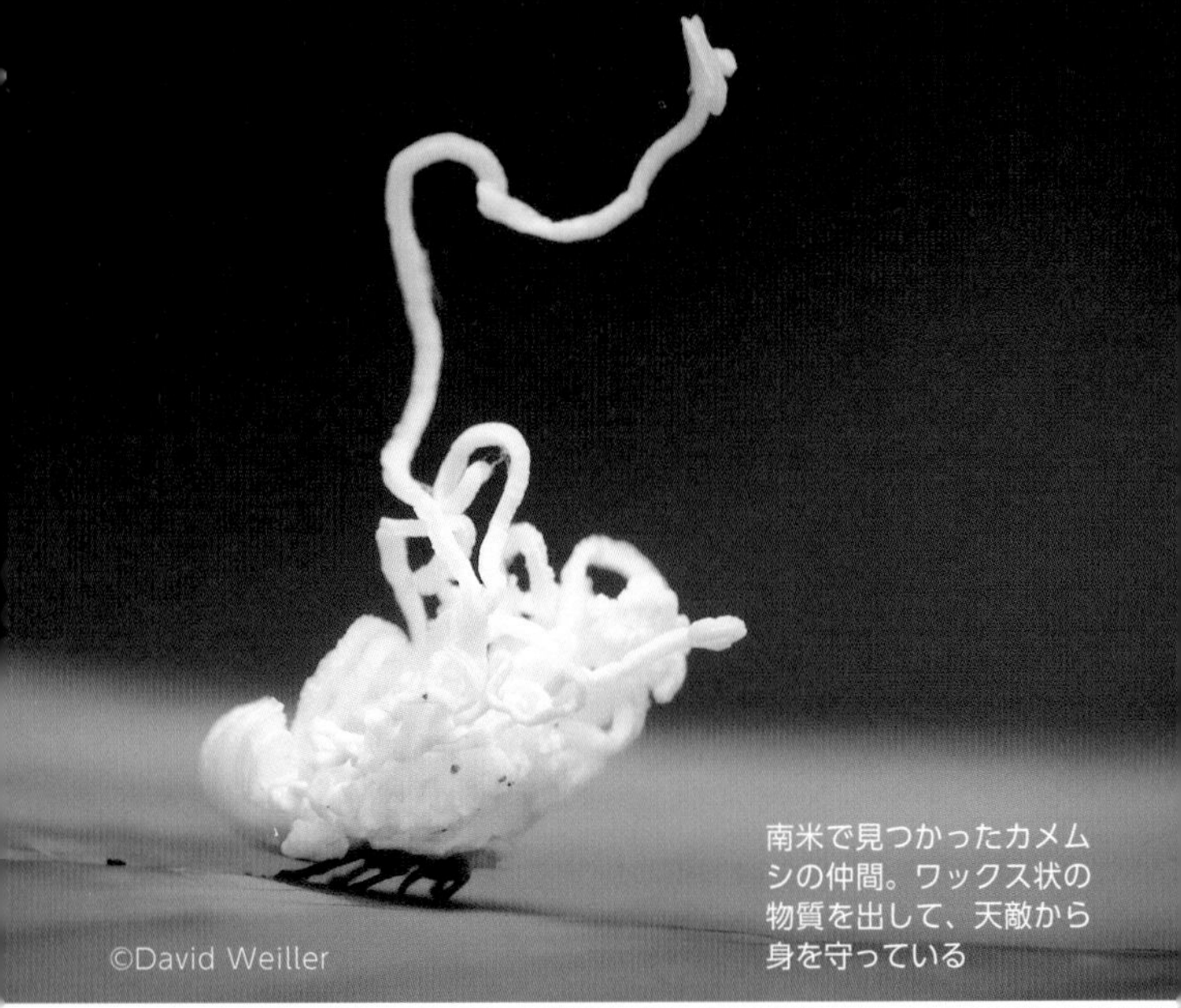

南米で見つかったカメムシの仲間。ワックス状の物質を出して、天敵から身を守っている

大きな葉の下で身を寄せ合う、世界でも珍しい白色のシロヘラコウモリ

へんてこに進化してきた

ハリトレフス・マッシー
という深海で暮らすクラ
ゲ。花火のような美しさ

©OET／NautilusLive.org

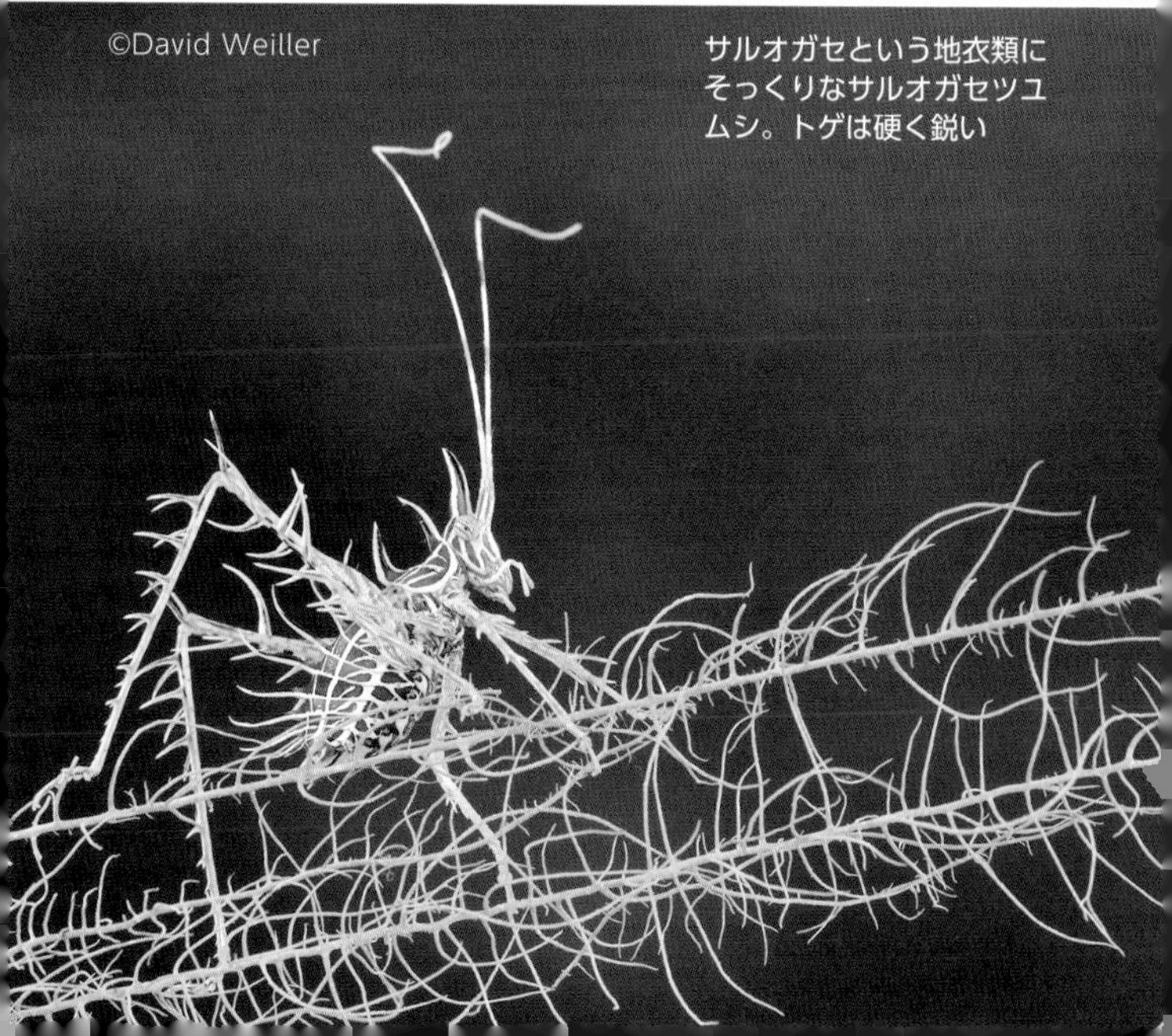

©David Weiller

サルオガセという地衣類に
そっくりなサルオガセツユ
ムシ。トゲは硬く鋭い

要な要素にもなる。

●約７００万年前――人類の誕生

恐竜の絶滅と同時に、多くの生物も死滅した。しかし一部の生物は生き残り、小型の哺《ほ》乳《にゅうるい》類や鳥類、爬虫類などが繁栄のときを迎える。

やがて霊長類《れいちょうるい》が誕生し、森林の樹上で生活していた集団のなかから、一部が進化して類人猿《るいじんえん》に分化。さらに、類人猿は直立二足歩行をすることによって、樹上生活を離れ、初期の人類である猿人《えんじん》へと進化した。現在、発見されている人類最古の頭蓋骨《とうがいこつ》は、６００～７００万年前のものといわれている。

われわれ人類は、ほかの動物とは異なる独自の方法で進化の時計の針を進め、文明や文化の担い手となっていった。しかし、38億年という途方もない生命誕生の歴史を考えると、人類の誕生はつい最近のことである。地球上の生物のなかでは、〝新参者〟だ。

一見奇妙に映るへんてこな生物たちには、過酷な環境を生き延び、はるか古代からその姿や生態を変えずにいるものも多い。同じ地球上に生きる多様な生物は、この世の中を生き抜くヒントや知恵をわれわれに授けてくれる大先輩なのである。

2章

逃げるは恥だが役に立つ

逃げることから始まった——ポリプテルス

人生には、幾つもの壁が現れる。今日より明日、明日より明後日、一日一日をよりよく生きるために、われわれ人間は日々、その壁を乗り越えようと奮闘する。とくに高度経済成長期、がむしゃらに働くことが賛美された時代を経て、日本人は「目の前にある壁は、乗り越えるべきもの」という価値観を刷り込まれてきた。

しかし、壁を乗り越えることが、唯一の正解なのだろうか。壁の前でUターンをして、ちがう道に逃げ込むことは、負け組の誤った生き方なのだろうか——。

ポリプテルスは、ポリプテルス目ポリプテルス科に属し、現在17種ほどが知られている。そのすべてが熱帯アフリカに生息する淡水魚で、体長は30センチから60センチほど。ギリシャ語由来の「poly（意味：多くの）」と「pterus（意味：ヒレ）」というふたつの単語を組み合わせた学名の*Polypterus*は、「多くのヒレ」を意味する。それが示すように、

普段はほかの魚類と同じくえらを使って呼吸をしている

細い円筒形の体にきれいに並んでいる背びれが太古の恐竜をイメージさせるとあって、近年では熱帯魚ショップでも大人気だ。

ハイギョやシーラカンスと同様、「生きた化石」と呼ばれるポリプテルスは、魚であって、魚ではない。一般的な魚類とは大きく異なるのは、その呼吸の仕組みにある。多くの魚類は、えらに水を通すことで、水中に溶け込んだ酸素を体内に取り込み、二酸化炭素を体外に排出している。人間における肺の役割を、えらが担っているのだ。

ところがポリプテルスは、えら

だけでなく肺ももつ。その長さは腹部全体に及ぶものもある。その肺を使って、時折、水面から顔を出して外の空気も吸う。つまりえら呼吸もするし、肺呼吸もする二刀流。いったいポリプテルスとは何モノなのか――？

そんなポリプテルスに対して、ある実験がなされた。

カナダのマギル大学（当時）のエミリー・スタンデン博士は、陸上でポリプテルスを8ヵ月間育てる実験を行った。肺があるのであればと、ほとんど水のない環境で育てる実験である。

8ヵ月間、陸上での生活を余儀なくされたポリプテルスは、どうなったか――。

なんと、陸上で育ったポリプテルスは、水中で育てたものよりも、ひれを使って上手に歩くようになっていた。

さらにひれを支える3つの鎖骨《さこつ》にも変化が見られ、陸上で育てたポリプテルスは、鎖骨が細く引き伸ばされていたという。これは、ひれをより大きく動かすための変化ではないかと考えられている。

この骨の変化は、かつて魚が陸上に進出する過程で起きた変化とよく似ている。約4億年前、淡水に住んでいた魚類（ユーステノプテロン）は、その後2000万年の時間をかけて原始的な両生類（アカントステガ）へと変化した。このときも鎖骨に同じような変化が起きていたのである。

3億6000万年前、淡水に生息していた原始的な両生類アカントステガは、日々、川を牛耳《ぎゅうじ》る巨大な魚におびえながら生きていた。素速く泳ぐことができなかったアカントステガは、水中では弱者。そのため、安全な場所を見つけ出さなくてはならなかった。

そんな彼らが生息地に選んだのは、天敵となる巨大な魚が入り込めない浅瀬だった。葉っぱや小枝がうず高く積もる浅瀬をかき分けながら川底を蹴《け》って移動しているうちに、アカントステ

水面から顔を出し、肺呼吸もできるポリプテルス

スタンデン博士による実験では、水のほとんどない環境で飼育された
©Antoine Morin, University of Ottawa

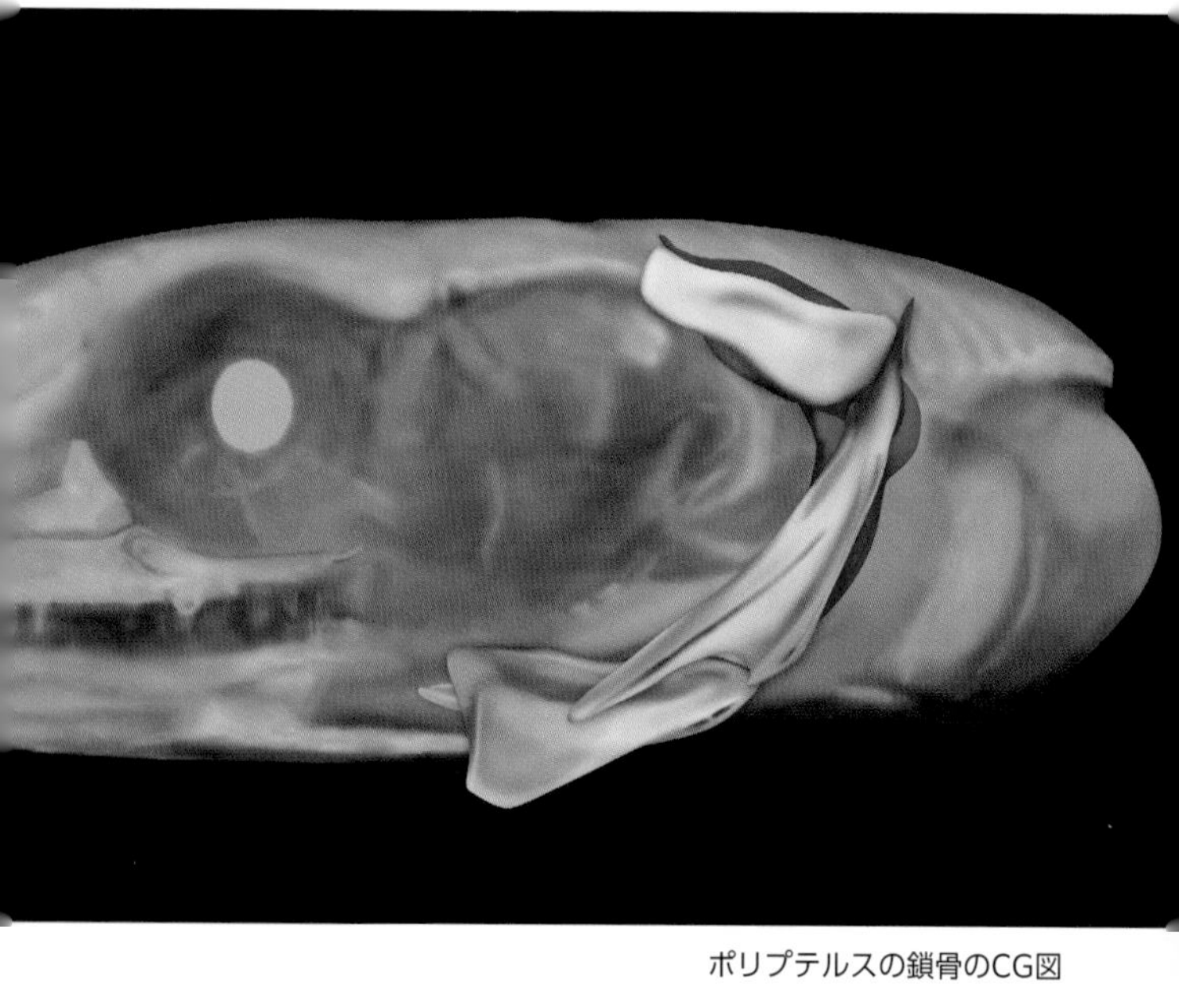

ポリプテルスの鎖骨のCG図

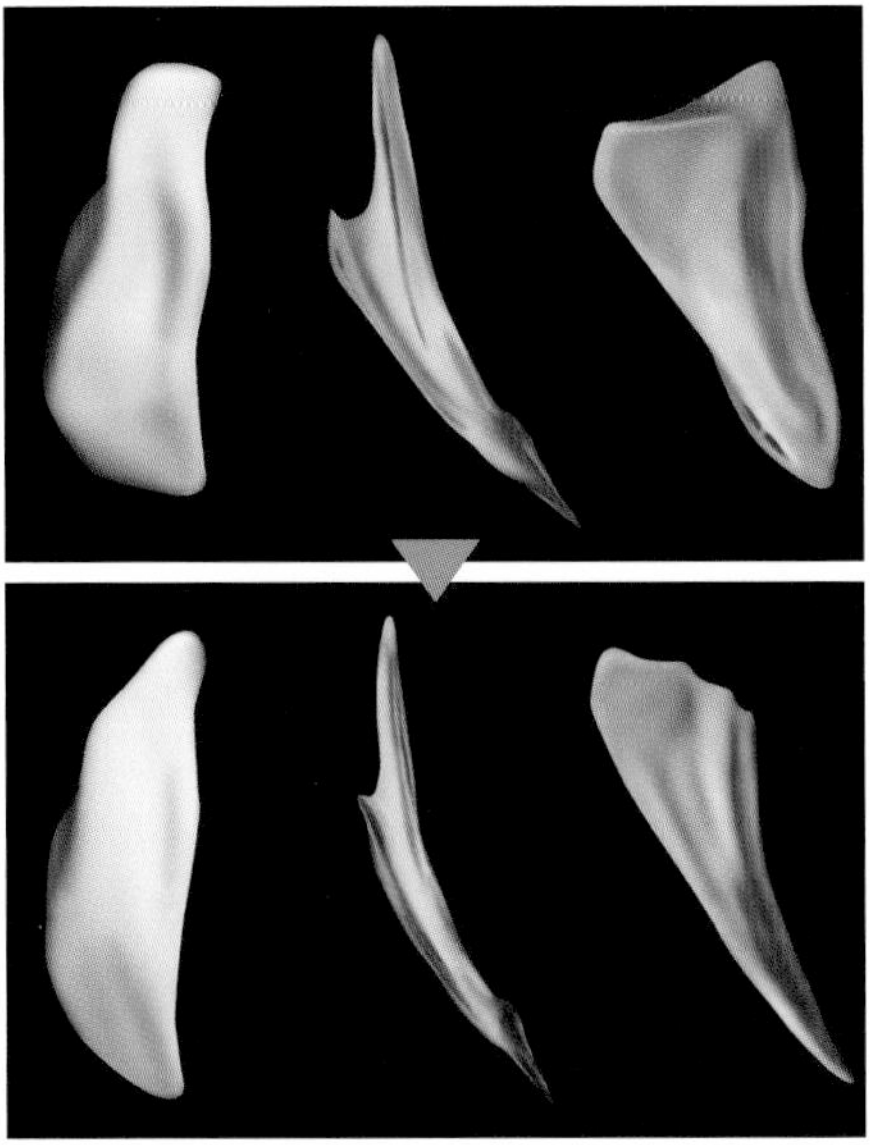

陸上で育てたポリプテルスの骨に見られた変化。水中で育った個体に比べてひれを支える3つの鎖骨が細く引き伸ばされた。ひれを大きく動かすために起きた変化だと考えられている

アイルランドのヴァレンティア島に残る陸上進出を果たした初期の生物の足跡

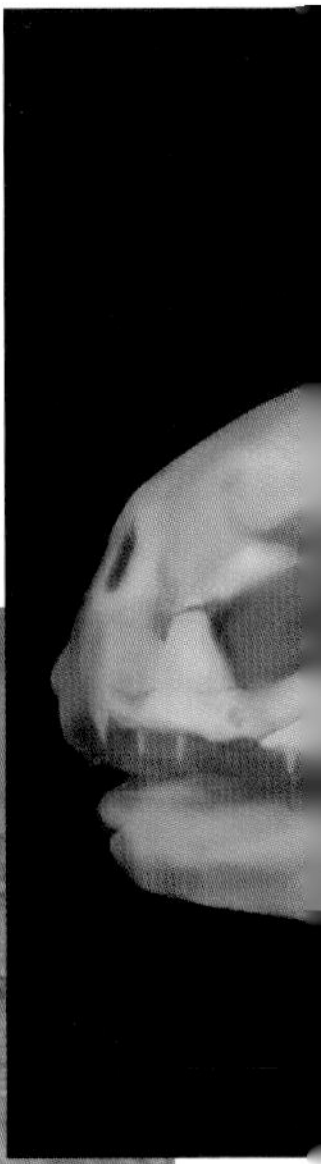

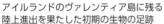

ガは、いつしか地上を歩くことができるほど強い足を発達させていったと考えられている。敵から逃げる選択をしたアカントステガは、結果的に地上で生きるための装備を自力で手に入れたのである。

アイルランドの南部に位置するヴァレンティア島に、陸上進出を果たした初期の生物の足跡が残されているが、この足跡の主《ぬし》はアカントステガの子孫といわれている。

ポリプテルスの実験の成果を発表したエミリー・スタンデン博士は、厳しい環境のなかで、個々の生物に起きた小さな変化が、世代を超えても受け継がれるうちに大きな進化に結びついたのではないかと考えている。

進化とは、ひとつの世代内で起こるものではなく、世代を超えての変化のことをいう。その大きな進化の原動力となるのは、たとえ隅に追いやられたとしても、必死に生き延びようとした生物たちのたくましさだった。

弱者であろうとも生き延びようと踏ん張れば、未来を変えることだってできる。

そして生き延びるための「逃げ」は、恥ずべきことでも、負けることでもない。生き延びて、未来へと生命をつなぐこと――それが地球上に暮らす生物にとって、なによりも重要なミッションなのだから。

林語録

へんてこ生物から導き出される“名言”を林塾長が紹介

開雲見日

かいうんけんじつ

解説 **心配ごとがなくなり、将来に希望がもてるようになること。**

水中から地上生活を強いられたポリプテルスが、歩く力をつけました。つらいことがあっても必ず希望は見える！　希望や勇気を与えてくれる前向きな言葉です。

大人にならない生き方――ウーパールーパー

テレビコマーシャルの黎明期《れいめいき》から現代まで、さまざまな動物が画面のなかで大活躍している。コマーシャルは時代を映す鏡といわれるが、約30年前のバブルの時代に人気となったのは、エリマキトカゲやラッコなど。日本ではあまり馴染《なじ》みのない動物たちが、そのユニークな姿や仕草で多くの人々を笑顔にした。

そのなかでも、日本で一大ブームを巻き起こしたのが、カップ焼きそばのコマーシャルに登場したウーパールーパーである。

笑っているかのような平たい顔にヒラヒラしたフリルのようなえら、短い足で必死に泳ぐ愛嬌《あいきょう》たっぷりのその姿は、老若男女の心をとらえ、ウーパールーパーを展示する数少ない水族館は、休日ともなれば家族連れで大行列ができた。水槽のガラスに顔をくっつけて見入る人々からは、口ぐちに「かわいい！」という声が上がった。

日本におけるこのウーパールーパー人気は、世界に類を見ない現象だった。現在でこそ

愛くるしい顔で今なお根強い人気を誇るウーパールーパー

野生のメキシコサラマンダーは、同じ種とは思えない迫力
写真：NHK「20世紀・生きもの黙示録」より

当時のような熱狂ぶりは静まったが、今でも、ウーパールーパーを専門に扱うショップもある。なぜウーパールーパーは、これほどまでに日本人の心をつかんだのだろう。

ウーパールーパーという名は、じつは日本における俗称である。本名はメキシコサラマンダー（メキシコサンショウウオ）という、カエルやイモリと同じ両生類だ。トラフサンショウウオ科トラフサンショウウオ属に分類されるメキシコサラマンダーは、自然界では、体長は30センチになることもあり、体重はおよそ60〜２３０グラム。

体の色もわれわれが知るウーパールーパーとは異なり、黒か茶色のまだら模様。メキシコの首都メキシコ・シティにほど近いソチミルコとその周辺だけに生息し、近年では絶滅の危機に瀕《ひん》している。われわれの〝アイドル〟ウーパールーパーは、人の手で繁殖されたメキシコサラマンダーなのだ。

メキシコサラマンダーは、非常に珍しい特徴をもつ生物である。そのひとつが「幼形成熟《ようけいせいじゅく》」といわれる性質だ。これは、幼生《ようせい》の特徴を保持したまま卵巣や精巣が成熟して繁殖できるようになること。つまり、姿は子どものままで、大人になるのである。

それを裏づけるのが、ウーパールーパーのチャームポイントのひとつであるヒラヒラしたえらの存在である。子どものイモリにも似たようなえらがある。子どものころ水中で過ごす両生類の多くは、水中で呼吸するためのえらがあり、やがて成長すると陸に上がるため、しだいにえらはなくなる。

しかし、メキシコサラマンダー、そしてもちろんウーパールーパーには、子どもだけでなく大人にもえらがある。なぜなら、メキシコサラマンダーは、一生を水の中だけで過ごす珍しい両生類だからだ。まれに、大人になると陸上に上がることもあるが、ほとんどは、生まれ故郷のソチミルコと周辺の運河にとどまる。

なぜ、わざわざ子どもの姿のまま、水の中で一生を過ごすのかについては、詳しい理由はわかっていない。生息地であるメキシコの高地の湖や運河周辺の陸地は、昼夜の温度差が激しい。そのため、厳しい環境を避けて、あえて水中にとどまる道を選んだのではないかと考えられている。

日本では、「ブサかわ」「キモかわ」「グロかわ」など、およそ「かわいい」とはかけ離れた形容詞と組み合わせた若者言葉が生まれ、「かわいい」にも多様な表現が生まれている。さらに、今や「かわいい」という言葉は、「ｋａｗａｉｉ」として、すっかり世界の共通言語となった。ＳＮＳでは「＃ｋａｗａｉｉ」のハッシュタグで世界中の人々が投稿

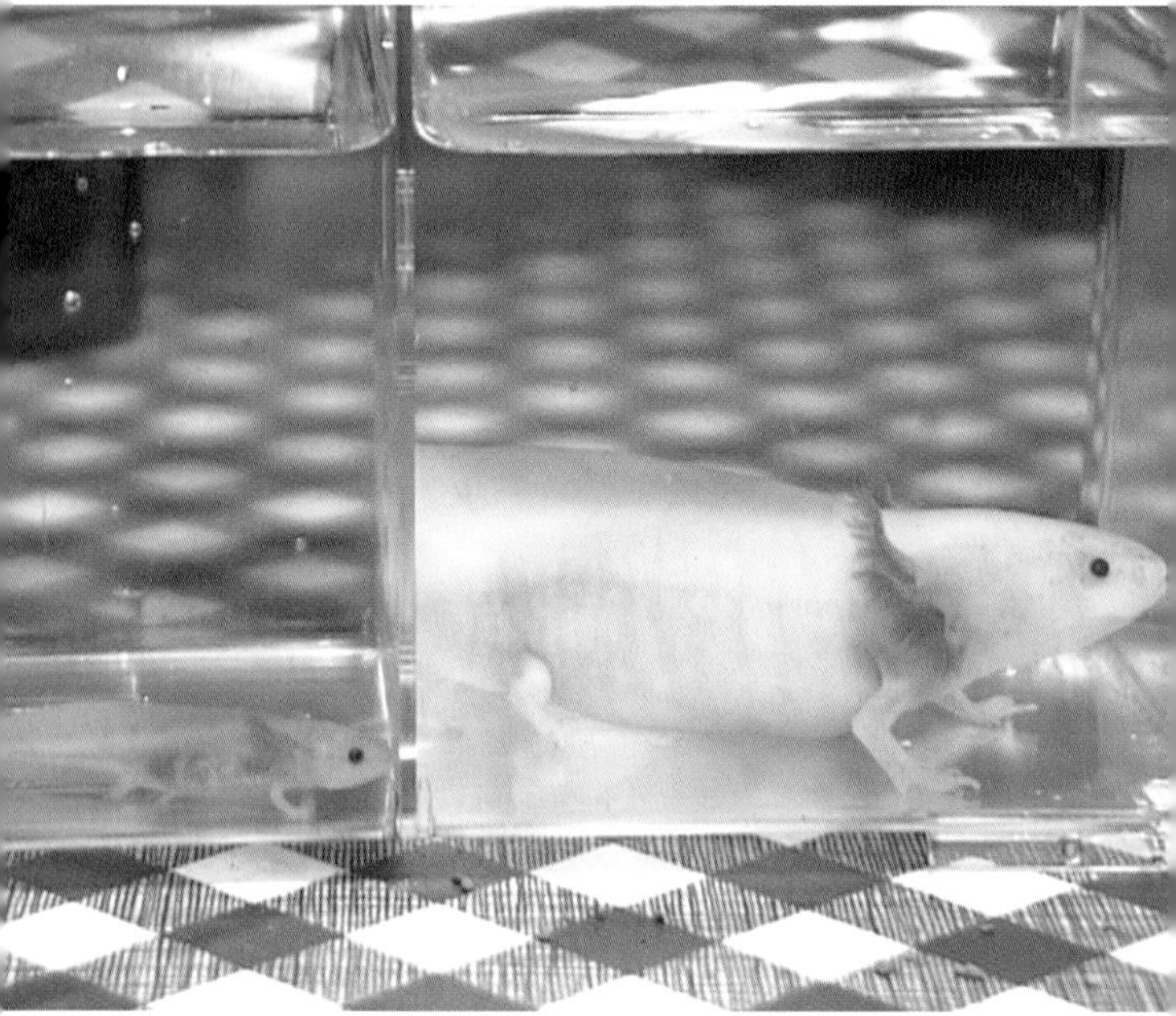

幼生（左）と大人のウーパールーパー

したユニークな写真や動画を見ることができる。そこには、外国語の単語では言い表すことが難しい、一人ひとりが対象に寄せる多様な「愛《いと》おしさ」の感情が込められている。

陸に上がらず、永遠に子どもの姿のままでいることを選んだウーパールーパー。日本での熱狂は、さまざまな愛おしさのかたちを繊細に表現するｋａｗａｉｉ大国ゆえの現象だったのかもしれない。

林語録

へんてこ生物から導き出される“名言”を林塾長が紹介

顔映ゆし

かほはゆし

解説 **顔が赤らんでしまうほど、見ていてかわいそうだ、気の毒だという意味。**

平安時代からみられた表現で、それが中世には、ポジティブな意味でも使われるようになり、現在の「かわいい」という言葉につながりました。まさにウーパールーパーは日本人にとって、「顔映ゆし」アイドルなのです。

5億年の戦いを勝ち抜いた奇策——オウムガイ

はるか5億年前のカンブリア紀の海。それまで原始的で単純な構造だった生物は、その種類と数を爆発的に増やし、食うか食われるかの厳しい生存競争が始まっていた。いわゆる「カンブリア爆発」である。単純な形をしていた生物は目を獲得し、複雑なボディをもつようになった。

それは、たとえるならば「戦国の世」。生物たちは攻めと守りの戦略を独自に進化させ、過酷な競争社会に立ち向かったのだ。

多くの生物が戦いに敗れ、海の藻屑《もくず》と消えていくなか、生命史に燦然《さんぜん》と輝く奇妙な生物が現れる。数々の戦いを勝ち抜き、現代まで生き延びている、いわば「天才軍師」。いったいどんなすごい生物なのだろう？

その正体は、現在はインド洋、太平洋の熱帯地域の水深100〜400メートル付近の海底にすむオウムガイである。殻長《かくちょう》20センチ、殻幅《かくふく》9センチほどになるオウムガイ目オウムガイ科のオウムガイは、同一平面上に内巻きの螺旋状《らせんじょう》をした殻をもつ。一見、大きな殻をもつ巻き貝の仲間のように見えるが、よく観察するとたくさんの短いひげ状の触手《しょくしゅ》が生えている。触手はオスが約60本、メスが約90本。この触手を使って、エサを探して捕獲する肉食の軟体動物である。

オウムガイはイカやタコと同じ頭足類に分類されているが、どうしてもその姿からは、数多《あまた》の戦いを生き抜いてきた天才軍師とは思えない。それもそのはず、じつはオウムガイは強くないのだ。

生きていくうえで、敵の存在を発見するために欠かせない視力がまず弱い。明るいか暗いかがようやくわかる程度だという。おまけに吸盤の力も弱く、速く泳ぐこともできない。プカプカとゆっくりと漂っているくらいの泳力しかないのだ。目が悪く、泳ぎも遅い。能ある天才軍師オウムガイは、いったいどこにその爪を隠しているのだろうか。

その謎は、オウムガイの仲間の化石が教えてくれる。オウムガイの化石は、ワラビのようなかたちの小さなものから、太く大型のものまで、多種多様。最大で10メートルにも及ぶ化石も見つかっているという。

カンブリア爆発から5000万年後、4億5000万年前の海では、現在見られる動きの遅い丸い形のオウムガイだけでなく、素速く泳げる細長いものも存在しており、浅瀬の海で大繁栄をとげていたという。意外にも当時は、生態系の頂点に立っていたと推測されるのだ。

しかし、この大繁栄時代からさらに5000万年後、強力な甲冑《かっちゅう》を身にまとった肉食動物が登場する。オウムガイよりも速く動くことができ、強力な顎《あご》で殻ごと食べてしまうダンクルオステウスなどの「甲冑魚」と呼ばれる魚だ。

多様な種類がいたオウムガイの仲間たちは、しだいに甲冑魚などの魚類にその座を奪われ、海の覇者から陥落してしまう。

残された丸い形のオウムガイは一族滅亡の危機に瀕していた。このまま生存競争を続けていたら、生き抜くことはまず無理だったろう。だが、ここでオウムガイは無謀とも思える起死回生の戦略に打って出る。

それはなんと、逃げることだった——。

逃げた先は、深海。そこは敵こそいないものの、エサが少ない過酷な環境だった。ところが、光の届かない深海にあっては、はっきりと見えない目でも生きていくには十分。泳ぎが遅いことも深海では弱点にあらず。オウムガイの殻の断面を見てみると、幾つも

5億年もの戦いを生き抜いてきたオウムガイ

数十本の触手は必要に応じて出し入れすることが可能

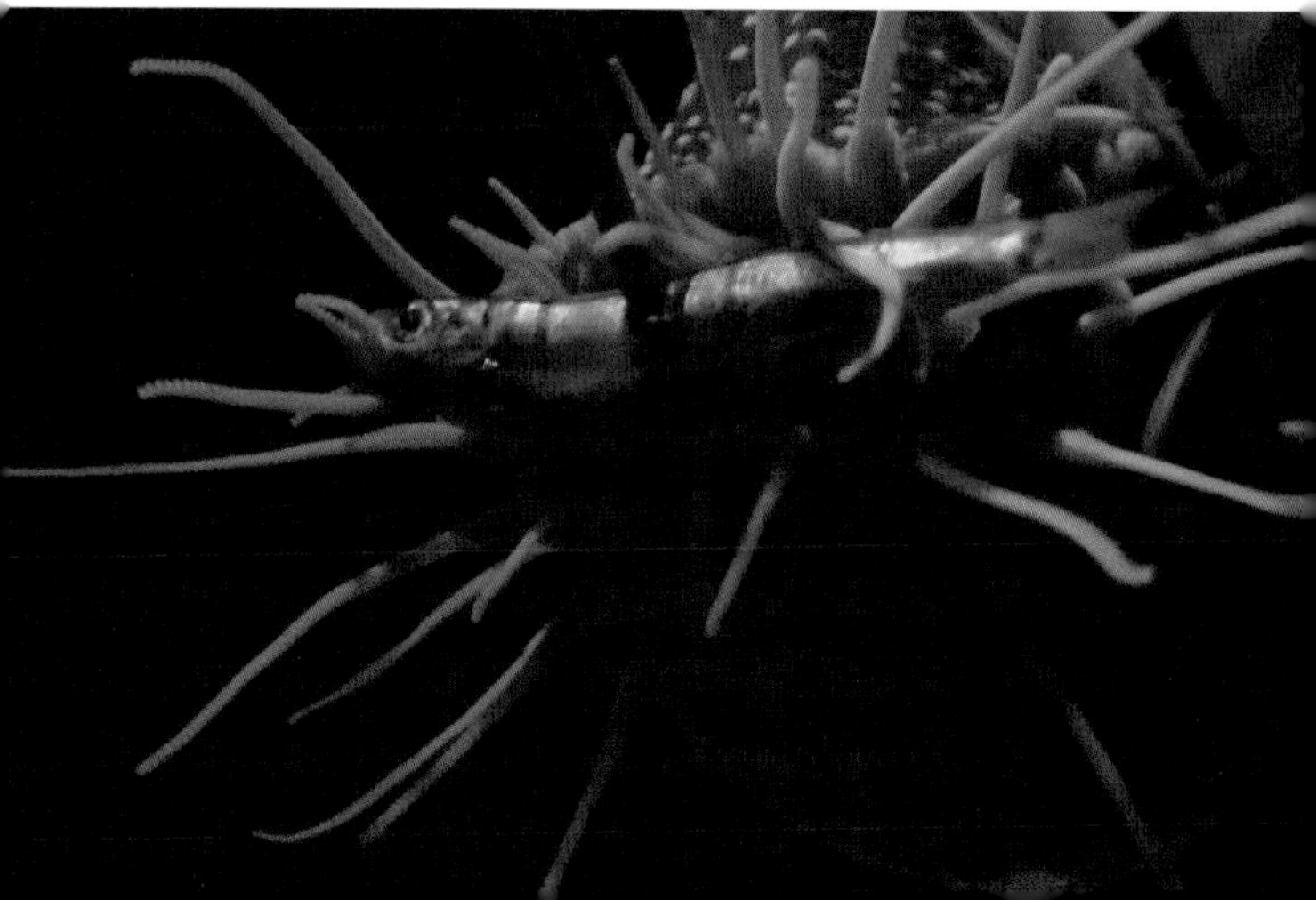

の部屋があり、ここに気体を入れて浮力を獲得している。労せず浮かんでいられるため、無駄なエネルギーを使わない。そのため、オウムガイは2、3日に一度、小さな魚を食べていれば生きていける〝省エネ体質〟だった。

浅瀬では弱点に思えた自らの特徴を活かせる場所に、オウムガイはみごとにたどり着いた。自分にふさわしい、身《み》の丈《たけ》に合った環境を見つけたこと、逃げて戦いを避けたことが、オウムガイが5億年もの長きにわたって生き抜いてきた、究極の生存戦略だったというわけである。

生物の世界は必ず強いものが生き残る「弱肉強食」とは限らない。

強いものが勝つというのは進化に対する大きな誤解である。逃げるが勝ちというのも、厳しい世界を生き抜くための、立派なサバイバル戦術なのである。

オウムガイの殻の断面を見ると、気体を入れる
幾つもの部屋があるのがわかる

ひょうひょうと水中に浮かぶオウムガイには、壮絶な歴史が隠されていた

古生代のオウムガイは多様な形をしていた。最大約10mの化石が見つかっており、浅瀬で大繁栄していた

大繁栄から5000万年後には、巨大な肉食魚が生態系の頂点に立ち、オウムガイの仲間たちは絶滅していった

CG：NHK「ザ・プレミアム 深海のロストワールド 追跡! 謎の古代魚」より

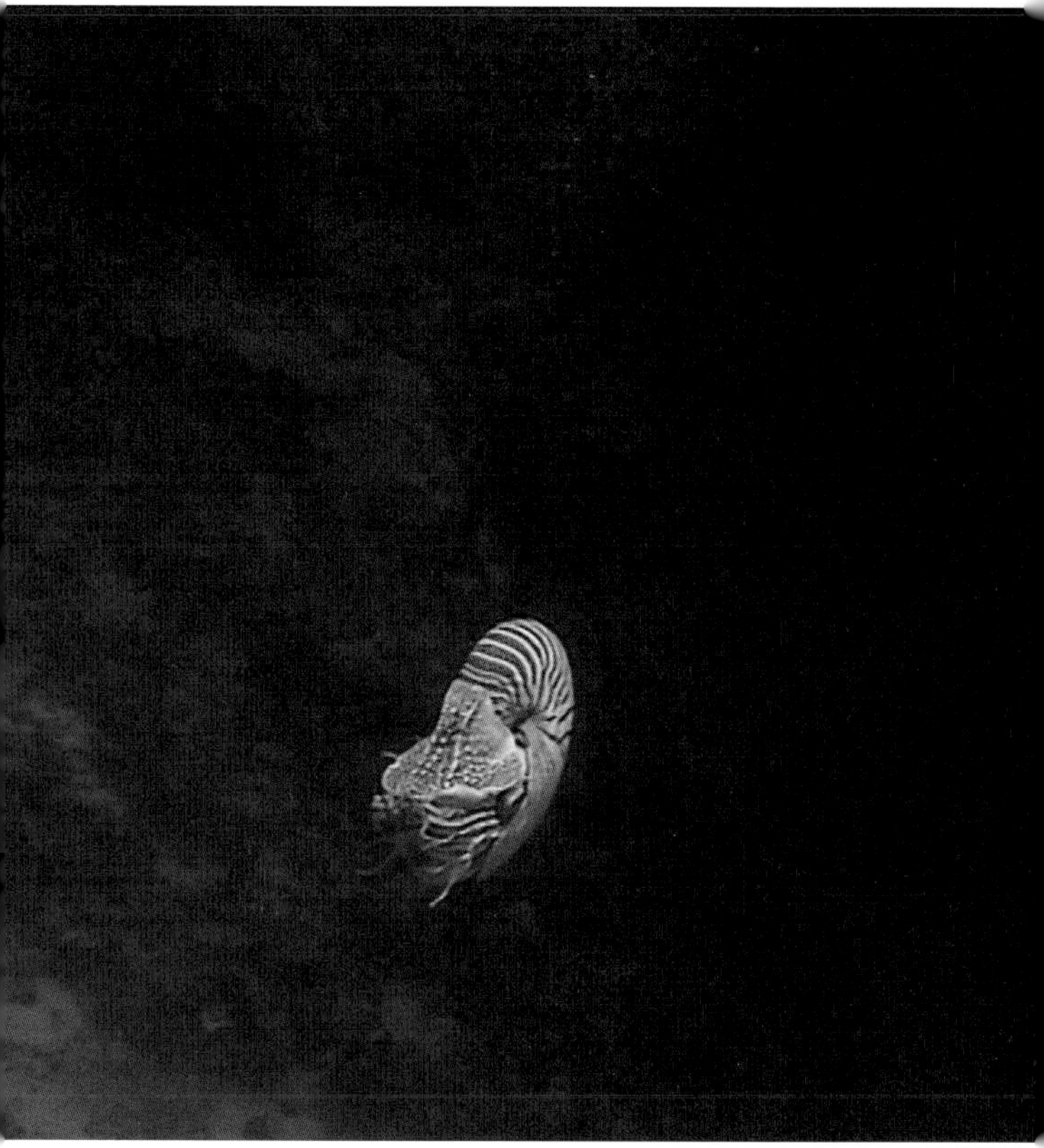

エサも光もない過酷な深海へ逃げるオウムガイ

林語録

へんてこ生物から導き出される"名言"を林塾長が紹介

明哲保身

めいてつほしん

解説 **聡明な人は危険をうまく避けて、自身の身を守ること。**

浅瀬から深海へと、生きる場所を変えたオウムガイ。危険な戦いには出ていかないで、自分のことをよく知り、勝負する場所を選ぶ。負け戦《いくさ》はしない冷静な判断も、時には必要なのかもしれません。

3章

働き方改革

分業体制を導入――ハダカデバネズミ

２０１９年４月１日に、「働き方改革関連法」の一部が施行された。多くの企業が多様性のある働き方とワーク・ライフ・バランスの実現に向けて、さまざまな取り組みを模索している。そもそも働き方改革が叫ばれるようになった背景には、少子高齢化と労働人口の減少という大きな問題がある。人間にとって「いかに働くか」は、「いかに生きるか」に直結する大問題。しかし、それは生物の世界でも同様で……。

体毛がほとんどなく全裸に見える体、前歯が口から大きく突き出す特徴的な外見をもつハダカデバネズミ。漢字で書くと、「裸出歯鼠」。ラテン語の学名*Heterocephalus glaber*も、「奇妙な頭の毛のないやつ」を意味する。説明するまでもなく、「名は体《たい》を表す」そのままの名称だ。

アフリカ東部のソマリア、エチオピア、ケニアのサバンナの地下にトンネル状の巣を掘

「キモかわいい（気持ち悪いけどかわいい）」動物としても
人気のハダカデバネズミ

って生息するこのハダカデバネズミは、体長は大人でも10センチほど。一生を土のなかで暮らす珍しいデバネズミ科の哺乳類である。そして体毛がなく、出っ歯であるというその強烈な風貌も、土中生活と深い関係がある。

土のなかは季節や天候による環境の変化がほとんどなく、比較的暖かいので、毛皮をまとう必要がない。ハダカデバネズミは、体温調節機能が劣《おと》る哺乳類だが、地下で暮らすぶんには問題はない。また、寄生虫などの温床となる毛皮をもたないことで、病気が蔓延《まんえん》するリスクも低くなると考えられている。それを裏づけるのが、ハダカデバネズミの長い寿命である。通常のマウスの寿命は2〜3年だが、ハダカデバネズミは平均28年も生きるという。また、その運動能力も20年以上衰《おとろ》えないというから驚きだ。

大きく発達した前歯は、土中のエサを掘り当てるのに、必要不可欠。ハダカデバネズミのインパクトのある外見は、地下生活に適応して進化してきたものだった。

とはいえ、地下は生物の楽園とはいえない。敵が少ないメリットはあるものの、同時にエサが少ないというデメリットがある。1匹だけの単独で生きようとすれば、十分なエサの確保が難しく、子孫繁栄ができないという危険とも隣り合わせだ。

そこでハダカデバネズミは、地下環境で生き抜くための驚きのシステムをつくり上げた。ハダカデバネズミは、100匹ほどの群れをつくって集団で生活する。しかも、その群れでは完璧な分業体制が敷かれ、アリやハチのような徹底した階級社会が構築されている。

群れの9割以上を占めるのが、繁殖に関わらない兵士（ソルジャー）や労働者（ワーカー）、そして残りが、繁殖を担う数匹のオスと1匹の女王である。群れのなかで出産するのは、ひときわ体が大きい女王１匹だけ。子孫繁栄を託された、まさに群れの命綱的な存在だ。

子どもたちを育てるのは、女王ではなく、群れの大半を占めるワーカーである。女王が繁殖に専念できるように、自分の子どもでもないのに、懸命に育てるのだ。ちなみに、繁殖担当のオスは、いずれも背骨が浮いて見えるほどガリガリだ。女王から始終、交尾を迫られるためにやせ細ってしまうというから、ワーカー以外のオスも楽ではない。

エサの確保も担うワーカーは、四六時中何キロものトンネルを掘りまくり、群れのため、女王のため、エサを必死に探す。そしてこのワーカーのなかからは、ソルジャーになるものも出現する。たとえば天敵のヘビが巣に侵入してくると、ソルジャーが率先して撃退に向かう。しかし、半分の確率でヘビの餌《え》食《じき》になってしまう。そのため、ソルジャーは、別名「犠牲者」と

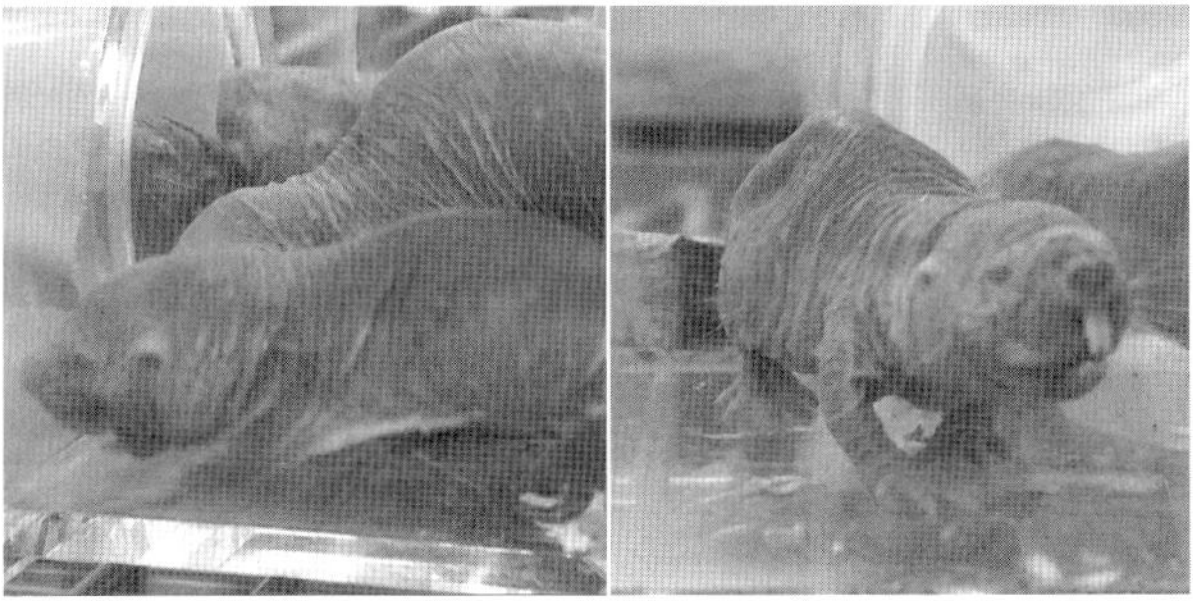

左側はワーカー（労働者）、右側はソルジャー（兵士）の役割を担っている

土の中でエサを見つけるのは大変。全部を一匹がやろうとすると
間違った場合に繁殖に失敗する

完全分業制を取り入れることで、繁殖に関係のない
9割で女王を支える社会をつくった

天敵のヘビが巣に侵入した際に戦うのは、ソルジャー（別名：犠牲者）

も呼ばれているという。

1日の終わりには、みんなが集まり、女王を一番上にのせて眠りにつく。このみごとな団結力によって地下の過酷な環境のなか、ハダカデバネズミは子孫繁栄をなしとげてきた。

ハダカデバネズミの群れは、血のつながりが強い。たとえば、女王が弱った場合は、強いメスが戦いを挑《いど》みその地位を奪うこともあるが、それは自分が産んだ子に追い落とされるということでもある。一方で、1匹の個体がそれぞれ子どもを産んで育てるよりも、女王が産んだ子どもを、集団で力を合わせて育てて守るほうが、より自分たちの群れの遺伝子

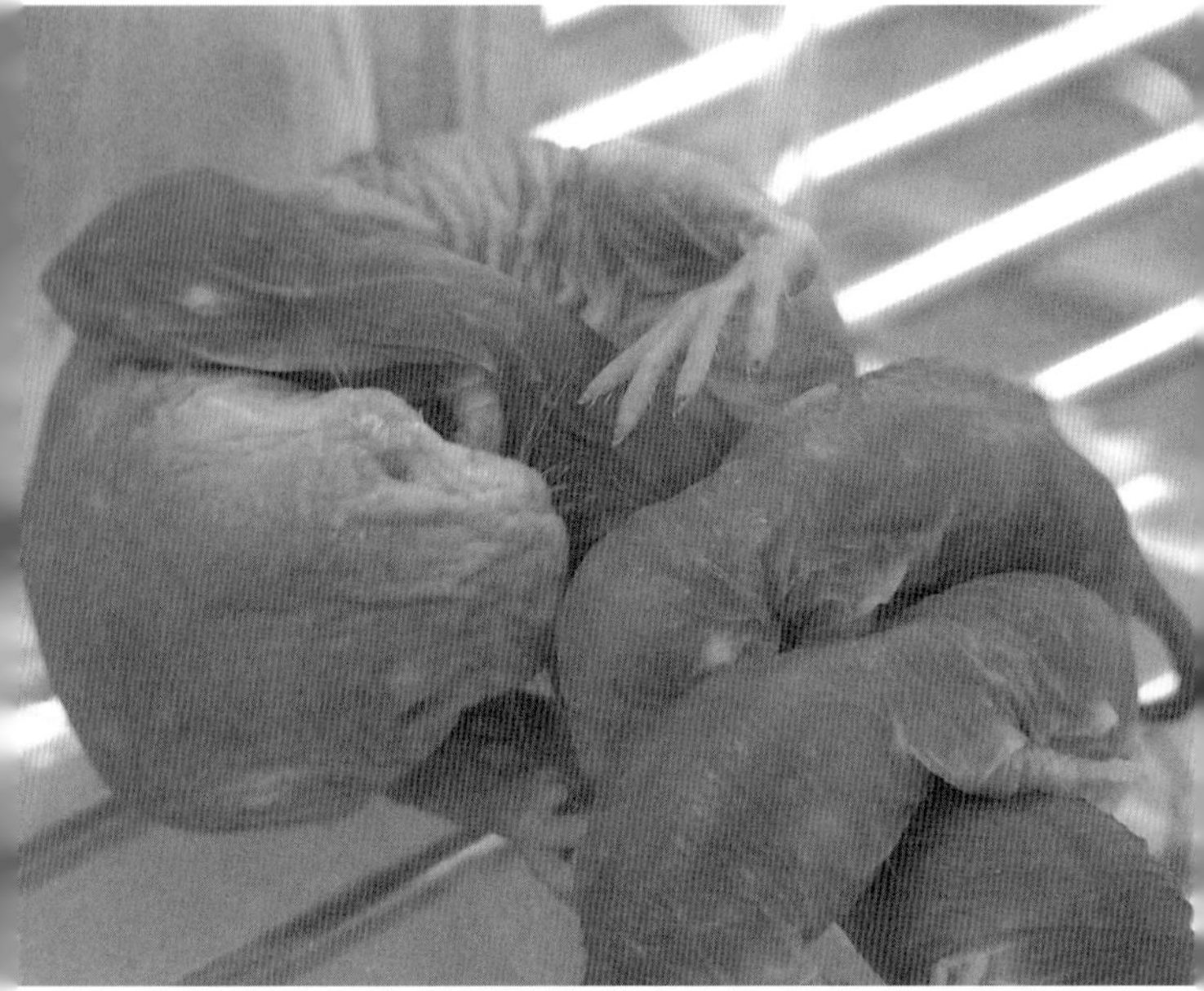

子どもたちを育てているのは女王ではなく、ワーカー（労働者）

が残る可能性が広がる。

　こうしたシステマティックかつ、利己的でないハダカデバネズミの生き方からは、われわれ人間が学ぶことは多い。

　しかし、同時にハダカデバネズミの社会と人間の社会が決定的にちがうことも忘れてはいけない。それは、人間は、互いを思いやる心の力で繁栄してきた生物であるということだ。

林語録

へんてこ生物から導き出される“名言”を林塾長が紹介

同心協力

どうしんきょうりょく

解説 **心をひとつにして、皆と団結して物事に取り組むこと。**

時にはわが身を危険にさらしてまで、子孫繁栄というひとつの目的のために協力する、ハダカデバネズミの生き方そのものを表すような言葉です。

自給自足のスローライフスタイル――ナマケモノ

日々、満員電車に揺られて会社へ向かう。あるいは、育児や家事に追われ、あっという間に日が暮れる。そんな忙しい現代人の目には、樹上でひがな一日寝て暮らすナマケモノは、じつにうらやましく映ることだろう。

ナマケモノ科には、2属5種があり、おもに南アメリカ大陸の密林の樹上で生活している。体長は50～64センチ、体重は4～9キロ。後ろ足はいずれの属も3指だが、前足は、フタユビナマケモノ属では2指、ミユビナマケモノ属は3指で、前後足ともに、すべての指に曲がった大きなカギ爪をもつ。

24時間中、じつに20時間も眠りっぱなし。動いたとしても、平均時速はなんと900メートル（人の歩く速さの5分の1程度）。ノロノロ運転このうえない。おまけに食べることすらめんどうなようで、1日に葉っぱ数枚ほどしか食さない。

ぬいぐるみのような愛嬌をもつナマケモノ

しかし、まるでぬいぐるみのような愛嬌たっぷりなその姿に多くの人々が癒されるのか、保護したナマケモノを野生にかえす運動をしているコスタリカのアニマルレスキューセンターには、年間２万人ものボランティアがナマケモノ目当てに訪れる。

じつは、ナマケモノは、意外にも繊細な一面をもつ生物である。ナマケモノは、自分の体温を調節できない変温動物で、気温によって体温が変化する。たとえば日中は36度あった体温が、気温が下がる夕方には、33度になってしまうこともある。ほんの数時間で3度も体温が下がるため、日が暮れると動きがさらに鈍《にぶ》くなる。究極の怠《なま》けっぷりに加えて、繊細な性質。それにもかかわらず、ナマケモノが生き抜いてこられたのはなぜなのだろう。

体温調節ができないという一見弱点にも思える性質こそが、エネルギーの大きな節約に貢献していた。そのため、1日数枚の葉っぱを食べればエネルギー補給は十分。さらにこの〝省エネ体質〟のおかげで、食べ物をめぐるほかの動物たちとの争いも避けることができる。

また、動きの遅さにもなんとメリットがあった。ナマケモノを狙う天敵のジャガーは、素速く動く動物をとらえる動体視力に優れている。しかし反対に、止まっているものや動きの遅いものを見分ける視力は弱い。つまりナマケモノは、その動きの遅さゆえに敵から姿を隠せているというわけだ。

そんなナマケモノは体を覆う長い体毛をもつが、季節によってその毛色を変化させる〝ファッショニスタ〟でもある。雨期には緑色に、乾期には褐色の毛をまとうのだ。じつは緑色に見えるのは藻《も》。藻が生えるまで、ぐうたらしているのか——と思うかもしれないが、ここにも効率的な生き方が隠されていた。

ふだんはほとんど動かないナマケモノだが、1週間に一度、ある目的で木から下りてくることがある。それは排便のため。ナマケモノが木を下りて、一ヵ所にまとまったフンをすると、そこにクリプトセスという特殊なガが卵を産みつける。フンの上で卵がかえると、孵化《ふか》したガは、樹上のナマケモノに飛んでいき、毛をすみ家とする。そしてガがフンをすると、今度はその成分を栄養として藻の成長が活発化する。ナマケモノは、自分の毛の上で、藻を意図的に育てていたのだ。さらになんと、

意外にもスローな動きは天敵から身を守る戦略でもあった

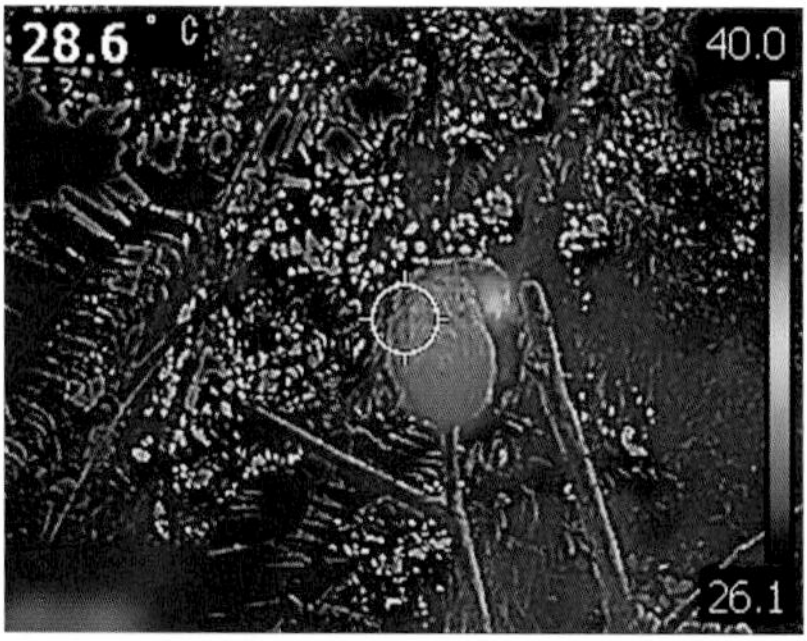

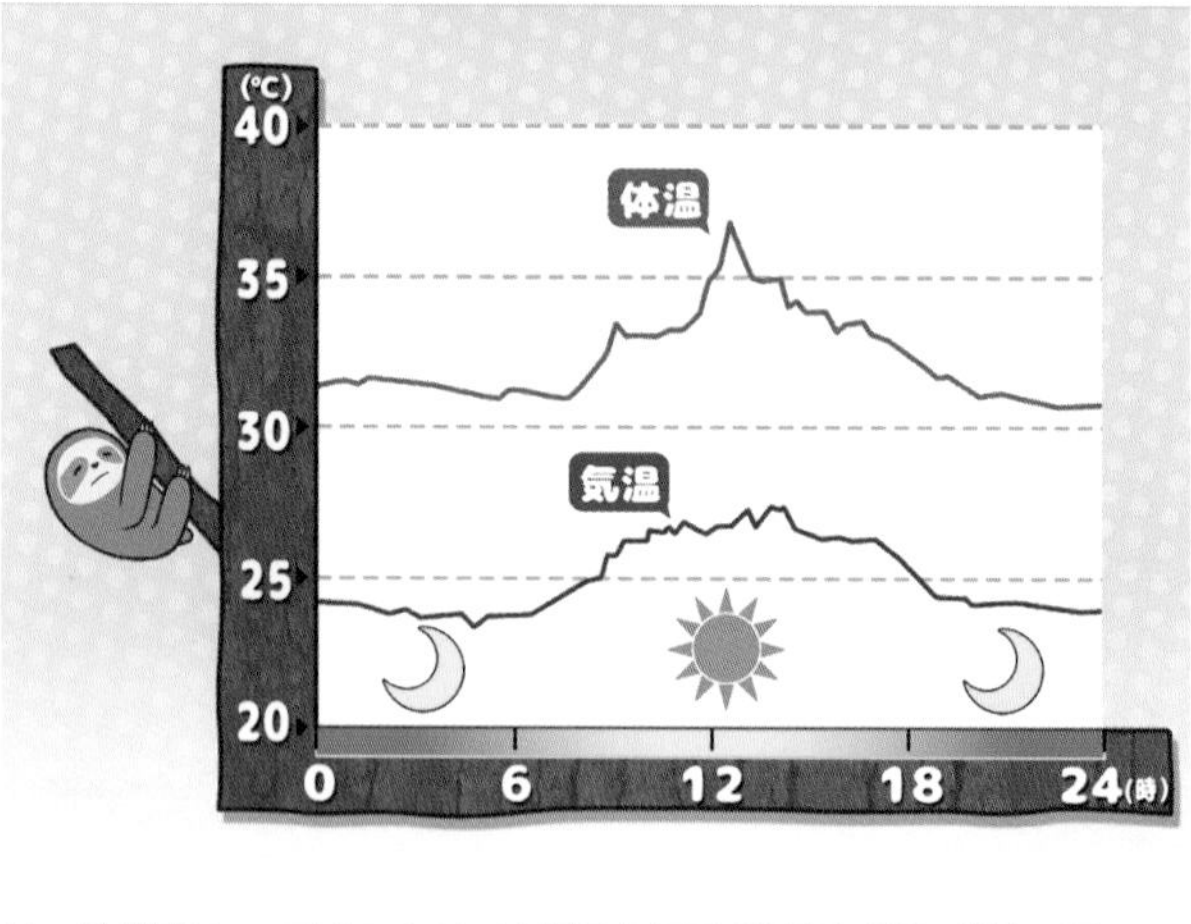

サーモグラフィーでナマケモノを見ると周囲の温度と同じ（上）。周りの気温に合わせて体温が下がる変温動物なのだ（下）

緑色のカラーリングは、自ら育てた藻。
それを食料とすることで究極の自給自足を成し遂げている

自給自足のための大事な“材料”となるナマケモノのフン

その藻はナマケモノの食料にもなる。つまりガの力を借りて、ナマケモノは自らの体に畑をつくっていた。まさに究極の自給自足生活である。

ただの〝怠け者〟ではなかったナマケモノ。長い体毛と、落ち着いた動作で、まるで森の仙人のようなナマケモノは、仙人も真っ青な、生きる深い知恵をもっていた。

われわれ人間も、時には急ぎ足を緩《ゆる》めて、怠けてみてもいいのかもしれない。

そんな時間こそが、自分にとって不必要なものを手放して、ほんとうに必要なものを育てる、豊かな〝自給自足の畑〟になるかもしれないのだから。

林語録

へんてこ生物から導き出される“名言”を林塾長が紹介

世の人は、我をなにとも言わば言え我なすことは我のみぞ知る

坂本龍馬（１８３６－１８６７）

解説

競争に巻き込まれて慌ただしく生きていくなかで、自分の信念を貫くというのはとても難しいことです。でも、「怠け者」と言われようが、自分の生き方を貫くナマケモノから、われわれ人間は多くのことを学べると思うのです。

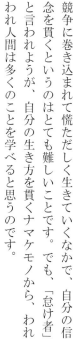

コラム

進化とは何か？

ヒトはチンパンジーと共通の祖先から進化した。

「進化」とは、長い時間をかけて生物の生まれもった姿形や性質が変化することをいう。

では、1年間、毎日スポーツジムに通って筋肉を鍛えたため、ベンチプレスで100キロのウエイトをもち上げられるようになった――。

これは進化だろうか？

答えはノーである。生物の「進化」における長い時間とは、幾つもの世代を超えての変化のことをいう。ひとりの人間が100キロのウエイトをもち上げられるようになったのは、進化ではなく「進歩」である。

では、いったいどのようにして生物は進化するのだろうか？

遺伝子の本体がDNAだとわかるずっと前から、この難問に多くの研究者が挑んできた。そして、現在でもその謎を完璧に説明しうる説はない。

たとえば、フランスの博物学者のラマルクは、よく使われる器官は発達するのに対し、使われない器官は退化し、それが子孫に伝わることで進化していくと考えた。1809年、著書『動物哲学』で説明されたこの説は「用不用説」という。

この「用不用説」を身近な例でたとえてみよう。スポーツ選手は勝利を目指して必要な筋肉を鍛えている。当然筋トレをすれば筋肉は発達し、体に変化が起きる。これを形質の獲得という。そして、獲得した形質は次の世代にも伝えられ、筋肉質の子どもが生まれるというのが用不用説だ。もちろん、スポーツ選手の子どもだからといって、みんながみんな親と同じ形質をもっているわけではない。現在では基本的に否定されている。

しかし、ラマルクは、「すべての生物は神がつくった」と考えられていた時代に、生物が変化することを、初めて体系的に示してみせたのである。

それから50年を経た1859年、ある一冊の本がベストセラーとなった。イギリスの生物学者のチャールズ・ダーウィンが出版した『種の起源』である。

ダーウィンはこの著書のなかでラマルクの「用不用説」とは異なる、生物の種は自然選択の結果、環境に適した方向へ変化していくという「自然選択説」を唱えた。キリンの首で説明してみよう。

同じ親から生まれたキリンの子どもたちにも、首の長さにはちがいがある。少しでも首が長く、エサをよりたくさん食べられる個体ほど、生き残る確率が高く子孫を残しやすくなる。そして数世代を経て生存に有利な首の長い個体だけが生き残ったというわけだ。

ダーウィンの死後には、突然変異が自然選択の源になるという「突然変異説」が提唱されるなど、なぜ個々の生物には変異（つまりちがい）が生じるのかが解き明かされた。

そのなかで、自然選択と並んで重要な進化のメカニズムとなるのが「遺伝的浮動」。遺伝的浮動とは、親のもつ対立遺伝子のうちどちらが子どもに伝わるかによって、ある遺伝子が減ったり増えたりすること。遺伝は偶然によって起こるもので、とくに集団が小さいほど大きな変化になって現れると考えられている。

こうした「自然選択」と「遺伝的浮動」を軸に、現在も研究が進められている。

生物がこの地球上に誕生してから38億年。現在、地球上には知られているものだけで１８０万種の生物がいるといわれており、未知のものを含めれば、少なくともその10倍にのぼるだろうと推定されている。

そして、ダーウィンが「自然選択説」を発表してから１６０年以上たった現在でも、われわれはいまだ進化の謎に魅了され続けているのだ。

4章

愛するということ

化石に残された1億年前の愛

ステキな異性をくどき落としたいというのは、人間だけではない。いや、野生動物の世界のほうが、子孫繁栄に直結する切実な問題である。

2016年1月、アメリカのコロラド州で1億年前の恐竜の求愛行動の証拠と思われる化石が見つかった。コロラド大学名誉教授、マーティン・ロックリー博士の研究室には、この化石の復元がある。そこに刻《きざ》まれているのは、巨大な2本の引っ掻き跡。ロックリー博士は、これこそが恐竜の求愛行動の証《あかし》という。

肉食恐竜がふつうに歩いた足跡と化石に残された跡を比較すると、何度も地面を引っ掻いていたことがよくわかる。左足と右足で交互に引っ掻いた跡というその化石には、かなり深い2本の溝《みぞ》が刻まれているのだ。

かねてから、ティラノサウルス・レックスをはじめとした大型肉食恐竜などは、なんら

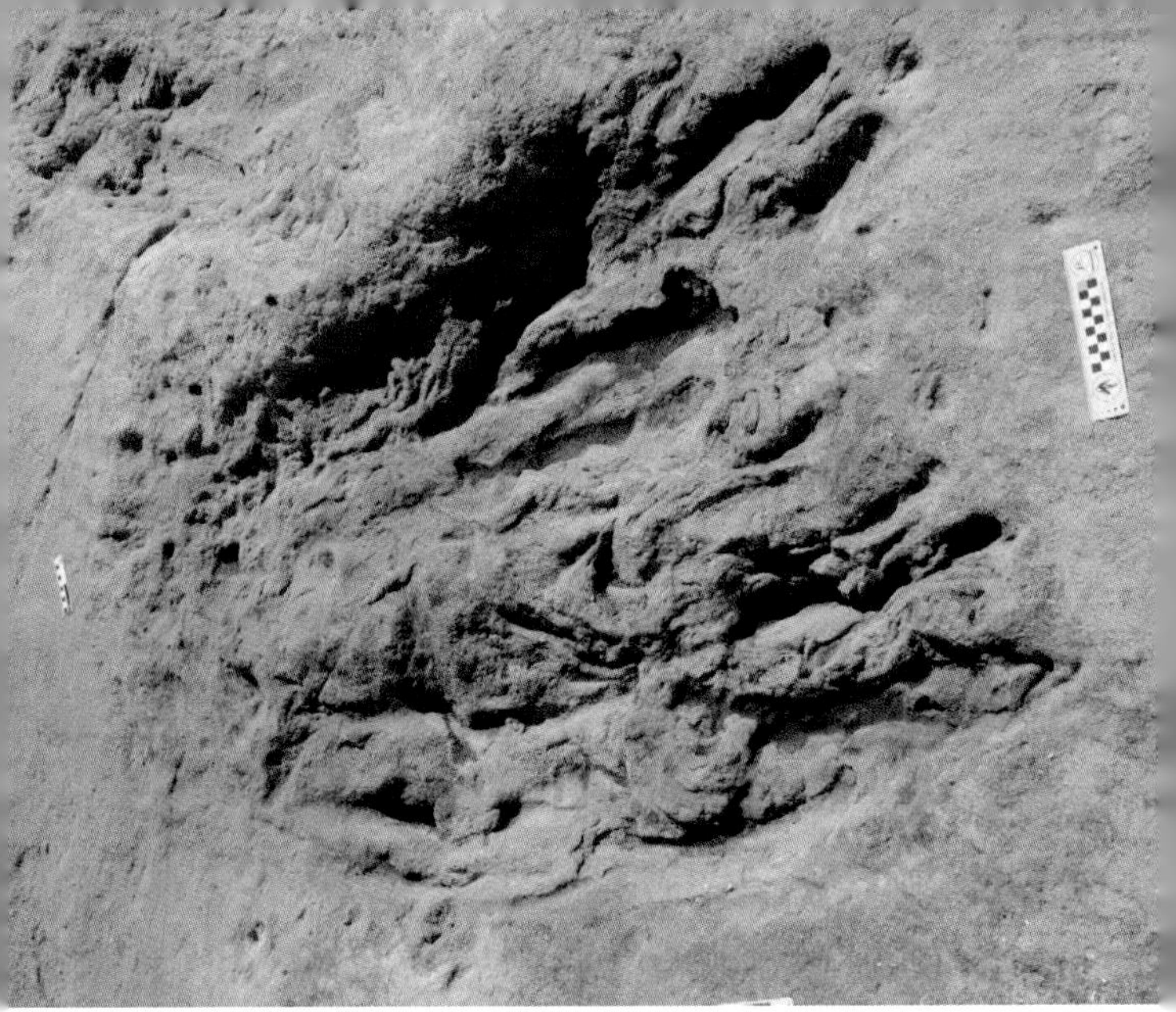

恐竜が両足で穴を掘り、求愛をしていたことを示す化石

かの求愛の儀式を行なっていたとされる説が研究者の間で考えられてきたが、その物的証拠は見つかっていなかった。

しかし、コロラド州のダコタ砂岩に、4ヵ所にわたって刻まれたこの2本線の溝は、これまで推察の域を出なかった白亜紀の恐竜の求愛行動を初めて証明するものと考えられる。

しかし、なぜこれらの溝が求愛行動の結果できたものだといえるのだろうか?

ダコタ砂岩に残る化石化した2本線の溝は、現在でも一部の鳥類が求愛行動をする際に刻む跡とよく似ているのだ。肉食恐竜は、鳥の祖先と考えられている。つまり、現生鳥類に見られる求愛行動を、肉食恐竜がしていても不思議はないというわけである。

「ダコタ砂岩に残る多くの溝は、発情した恐竜たちが集まって求愛行動をしていたなによりの証だと思います。まさに、ここは恐竜たちのダンスフロアだったんです」

ロックリー博士はそう語る。

恐竜時代から変わらないモテたい！　という思い。これは、自分の子孫を残すための情熱そのものだ。そして求愛ダンスから1億年を経た現在、生物のオスによるメスへのアピール方法は、さらに多様な進化を遂げている。

たとえば、くちばしの下で真っ赤な喉《のど》を風船のように膨《ふく》らませてメスに求愛するグンカンドリ。オーストラリア北東部の熱帯雨林の樹上に暮らす固有種のコウロコフウチョウは、黒々とした両翼を頭上に扇のように広げ、応援団のような奇妙な求愛ダンスを踊る。その動きにキレがあればあるほどモテるという。

また、中南米の熱帯雨林に生息するキモモマイコドリは、赤い頭がチャームポイントの体長10センチほどの小型の鳥。キモモマイコドリのオスは、繁殖期になると尾を小刻みに震《ふる》わせながら、その振動を足に伝えて木の枝の上でみごとなダンスを披露する。それはマイケル・ジャクソンのムーンウォークばりのなめらかさ。メスに気に入ってもらえるそのときまで、踊り続ける。

そしてなにも求愛ダンスをするのは、オスだけではない。日本の湖沼《こしょう》にも生息する潜水性のカイツブリの仲間は、メスがオスをダンスに誘うのだ。種によってその差はあるものの、たとえば、北米にすむクビナガカイツブリとクラークカイツブリは、水上を走り出したメスを追って、

求愛する恐竜たちの想像図

図：Artwork and graphics coordination by Xing Lida

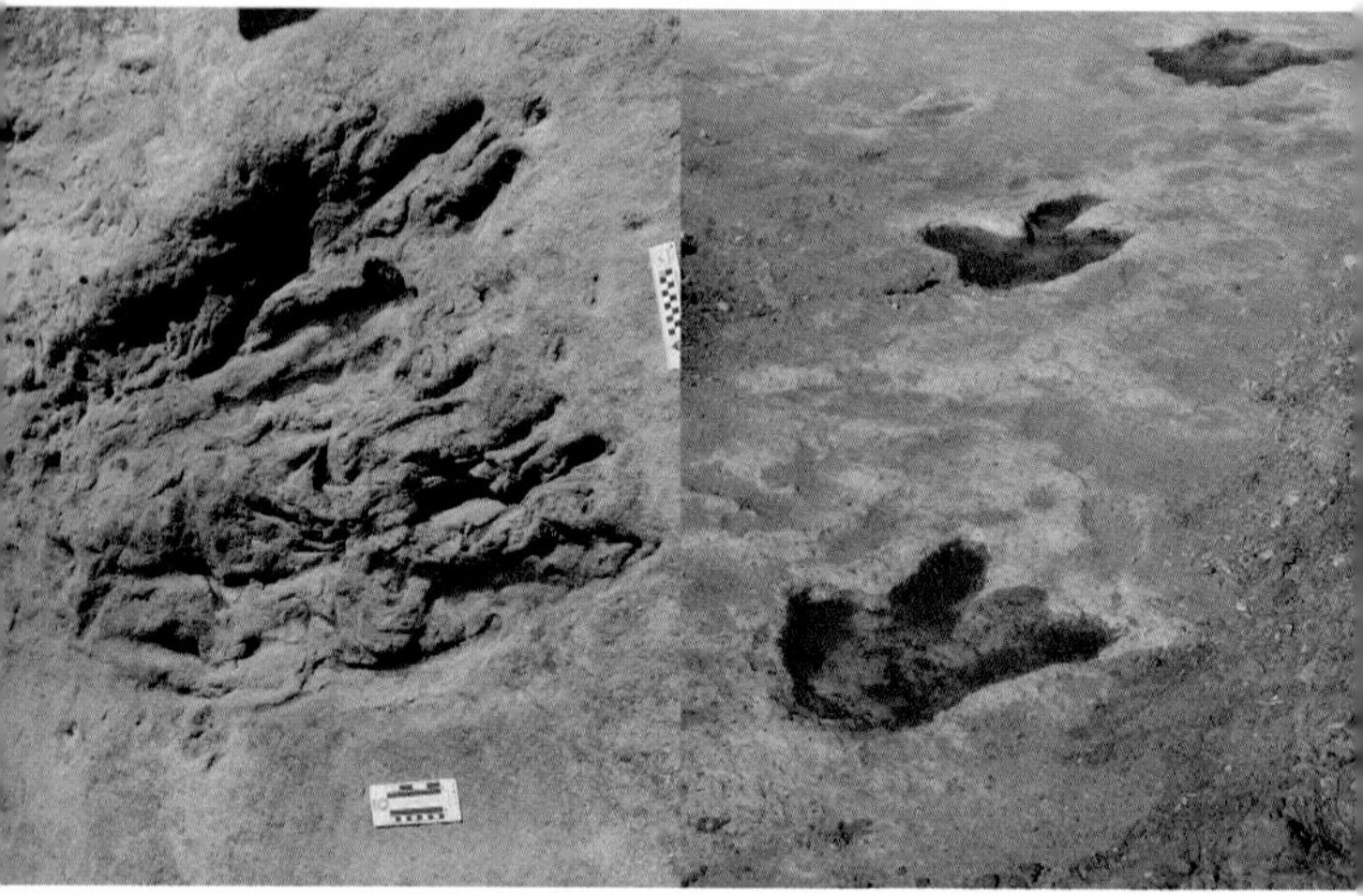

求愛行動の足跡（左）と普通の肉食恐竜の足跡（右）。比較すると何度も地面を引っ掻いているのが一目瞭然　©アマナイメージズ

オスも水上をダッシュ。オスはメスの姿勢や動きに寸分違《たが》わず合わせなくてはいけない。みごとにシンクロできると合格。しかし、その後もプレゼントの用意などオスの試練は続き、晴れてカップル成立となる。ちなみに、これらのカイツブリは繁殖期になると頭部に特徴のある飾り羽根が発達する。種ごとに特色のあるこの飾り羽根は、異なる種との交雑を防ぐために発達したものと考えられている。

じつは、進化生物学の視点からいえる、ひとつのモテの鉄則がある。それは、アクティブであること、マメであることだ。

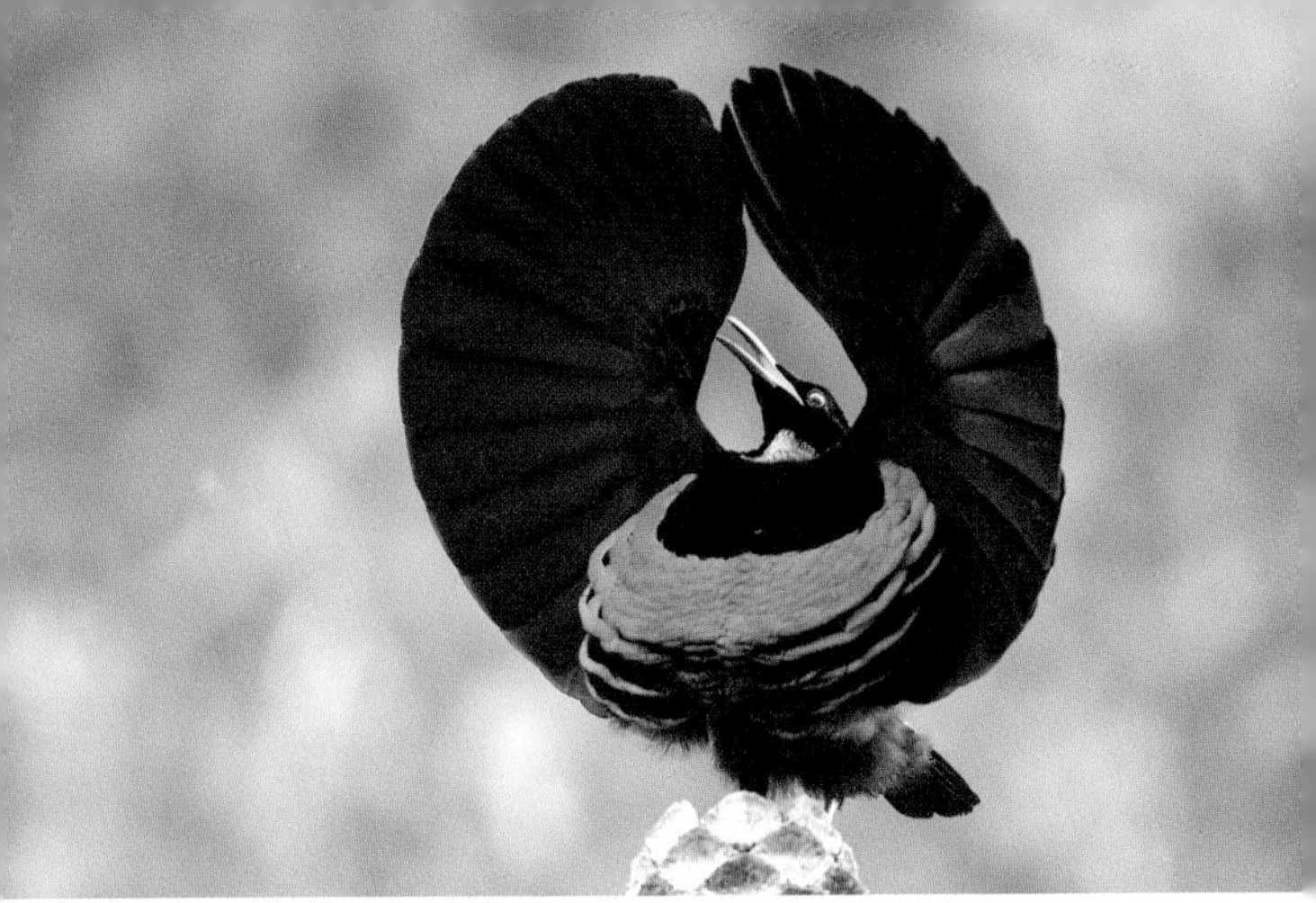

両羽根を使って求愛ダンスをするコウロコフウチョウ　©Alamy／アフロ

メスに並走することで求愛行動をとるクラークカイツブリ
写真：NHK「ダーウィンが来た! 生きもの新伝説」より

オーストラリアコウイカの小さなオスは、大きなオスの目を晦《くら》ませるために女装してメスに近づく。時には、大きなオスにメスと間違えられて襲われることも……
写真：NHK「ダーウィンが来た! 生きもの新伝説」より

たとえば、昆虫のなかには、よく動く個体と動かない個体がいる。動かない個体は、敵に見つかりにくいため、捕食されるリスクが少なくなり、生き延びることができる。しかしその半面、メスとの出会いは少なくなる。つまり、交尾と捕食はトレードオフの関係になることがあるのだ。生物はこのバランスで生き方が決まるというわけである。

人間でも、マメな男性ほど女性にモテるといわれるが、それも子孫を残すための一種の戦略と考えると、少々切なくなる話ではあるが……。

林語録

へんてこ生物から導き出される"名言"を林塾長が紹介

熱願冷諦

ねつがんれいてい

解説 **熱心に願い求めることと、冷静に本質を見極めること。**

「諦」は「あきらめる」という意味ではなく、「あきらむ」、つまり、真実を「明らか」にするという意味。モテるには、熱いハートにクールな頭脳の両方が必要なのではないでしょうか。

愛を育む美しきガラスのスイート・ホーム
——カイロウドウケツとドウケツエビ

日本の離婚率は高い。「夫婦の3組に1組が離婚する時代になった」とまことしやかに言われるようになった。しかし、だまされてはいけない。じつは、この数字は正確ではないのだ。

離婚率とは、人口1000人あたりの離婚件数のことである。厚生労働省の発表では、2018年の日本の離婚率は「1・68」。つまり1年で、人口1000人あたり1・68件の離婚届が出されたということだ。

この離婚率を世界と比較してみると、他国に比べてさほど高い数字ではない。ちなみに離婚が社会問題と化している中国は、3・2である。

ところが、厚生労働省発表の同居期間別離婚件数の年次推移のデータによると、同居年数35年以上の夫婦で、離婚件数が増加していることがわかる。つまり熟年離婚の割合が増えているのだ。

網目のようになっていて、中は空洞になっているカイロウドウケツ

©OET／NautilusLive.org

永遠の愛を誓ってから幾年月。夫婦が長生きして、死後も同じ墓に葬られるような仲睦《むつ》まじい理想の結婚生活のことを、中国の故事で「偕老同《かいろうどう》穴《けつ》」という。かつては、結婚式のスピーチでもよく耳にすることがあった。

　そしてこの四字熟語に由来する名をもつ生物がいる。その名もずばりカイロウドウケツ。筒状の骨格がケイ素質、つまりガラス繊維でできている珍しい海綿《かいめん》動物である。

　無脊椎《むせきつい》動物の海綿動物は、体の基本形はつぼ状体で、海底の岩石などに付着して生活している。神経細胞や感覚細胞、筋肉細胞はない。体の表面にある多くの小孔から水を入れ、体の内部を通して上端の大孔から排出している。他物に付着していて運動もしないので、1700年代には植物とされていたほどである。

そのなかでもカイロウドウケツは、長い骨片が規則正しく組み合わされるため、じつにみごとなかご状の形となる。その美しさから、英名は「ヴィーナスの花籠（Venus' Flower Basket)」。網目状のガラス繊維の周りには、たくさんの細胞がついており、海水から栄養素を取り込んで生きている。

日本近海では、ヤマトカイロウドウケツ、マーシャルカイロウドウケツ、オーエンカイロウドウケツの3種が知られる。大きさは種類によって異なるが、ヤマトカイロウドウケツは約80センチともっとも大きく、ほかの2種は20〜30センチほど。いずれも深海に生息する。

なぜ、この不思議な海綿動物が夫婦の契《ちぎ》りが固いことを意味する「偕老同穴」に由来する名をもつのだろう。

その理由は、カイロウドウケツの体の内側をのぞいてみればすぐわかる。

カイロウドウケツの円筒状の内部は胃腔と呼ばれる。胃腔のなかに内視鏡を入れて内側を見てみると、体長2〜3センチのエビがいる。それも2匹。もちろんこのエビはカイロウドウケツが捕食したものではなく、胃腔のなかで生きているのだ。

これはドウケツエビと呼ばれる小さなエビで、甲は軟らかく滑らかで、白色半透明。じつはこのエビは、カイロウドウケツと共生しているのだ。ドウケツエビも数種類が知られていて、エビの種類によって共生するカイロウドウケツが異なるという。

たとえばヒメドウケツエビ

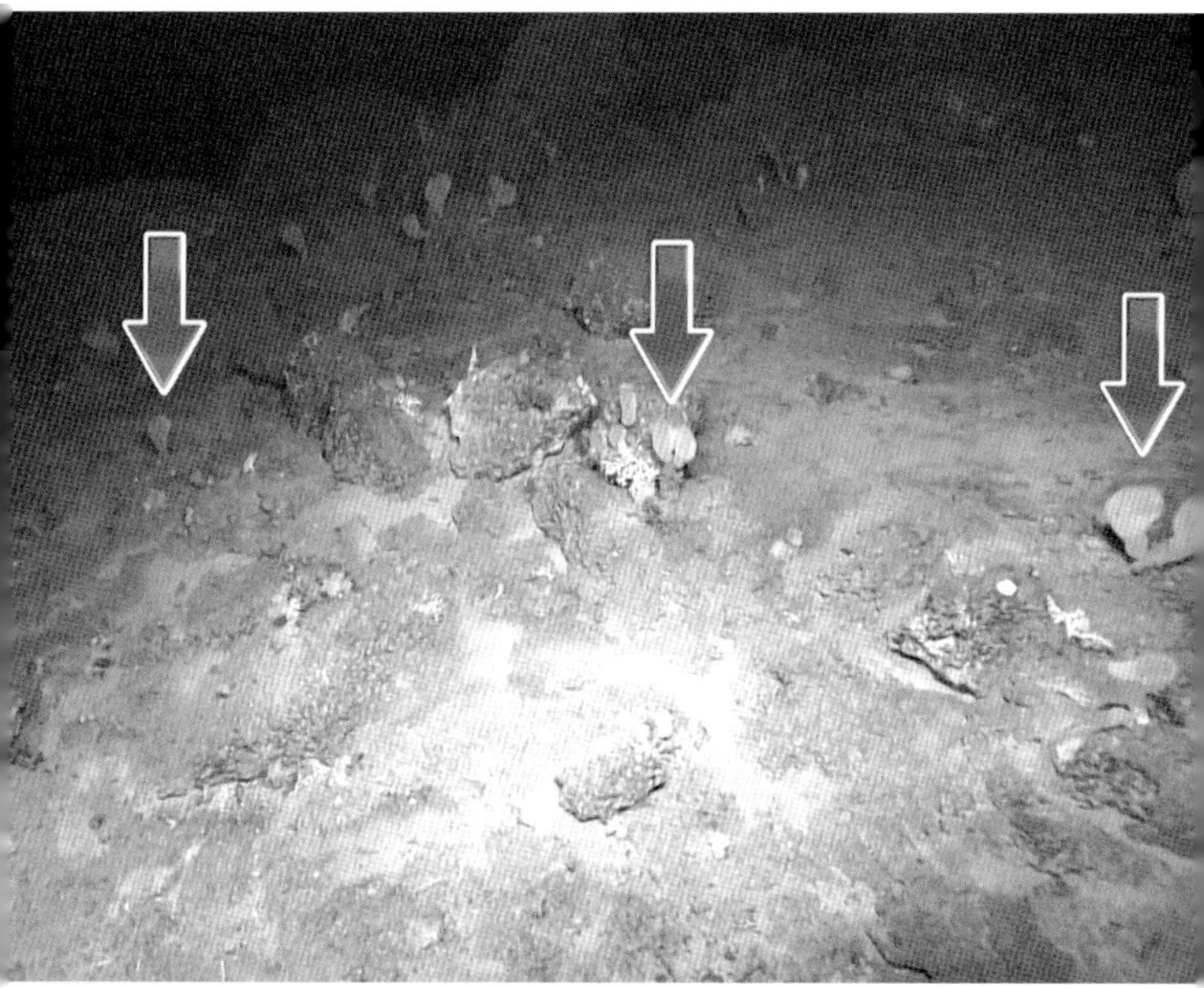

カリブ海の深海にカイロウドウケツがニョキニョキと生えている

©OET／NautilusLive.org

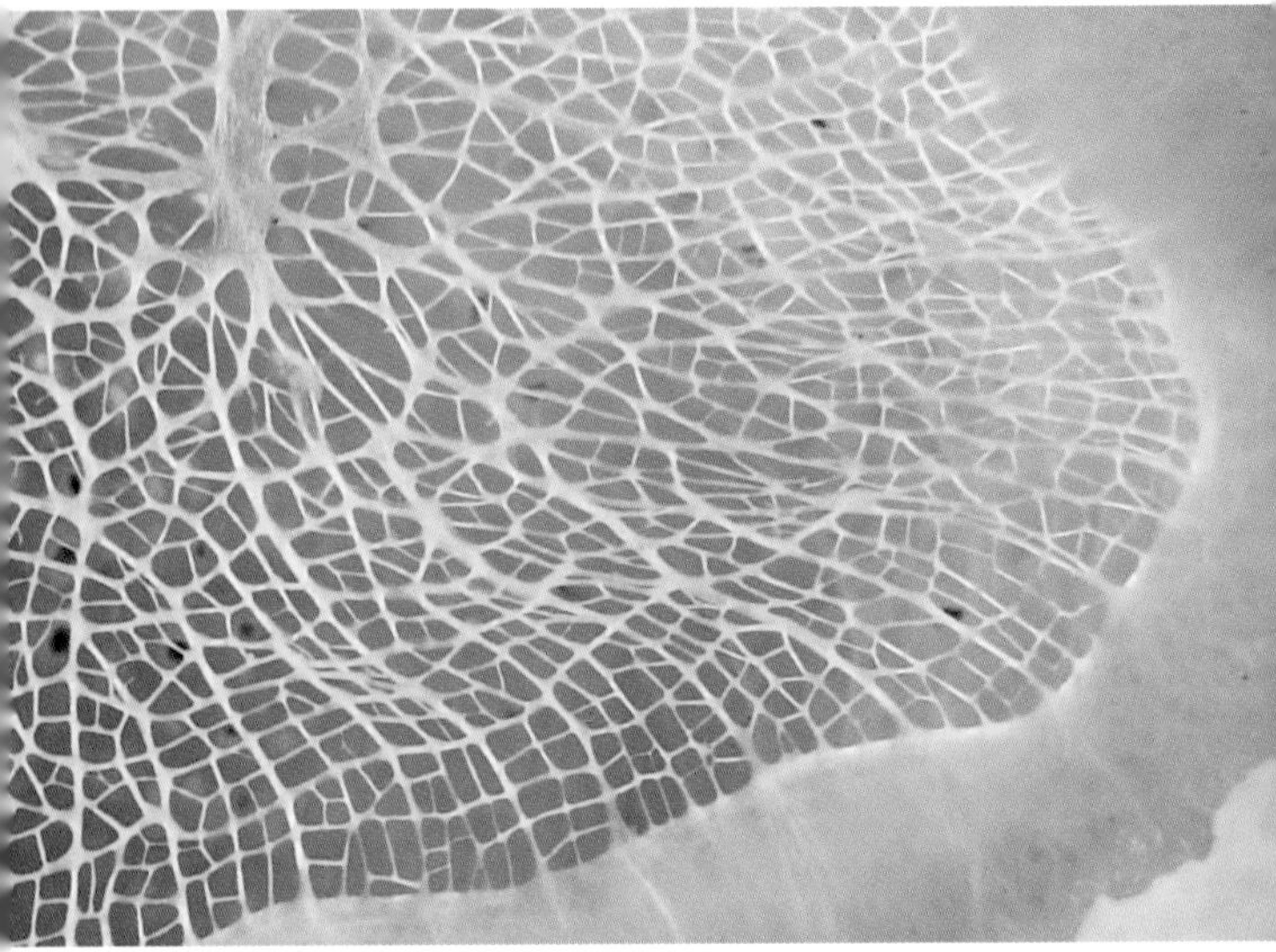

細い繊維が網目状に折り重なっている　©OET／NautilusLive.org

は、幼生のころは体長が3ミリ程度なので、かんたんにカイロウドウケツの網目から胃腔に入り込むことができる。ドウケツエビはその後、成長しても外へ出ることなくカイロウドウケツのなかで一生を過ごす。成長したドウケツエビは、もうカイロウドウケツから出られない大きさになっているからだ。ただし、ドウケツエビのなかには、穴をこじ開けて出入りするものもいると考えられている。

カイロウドウケツのなかで暮らすドウケツエビは、ほとんどの場合は雌雄1対。

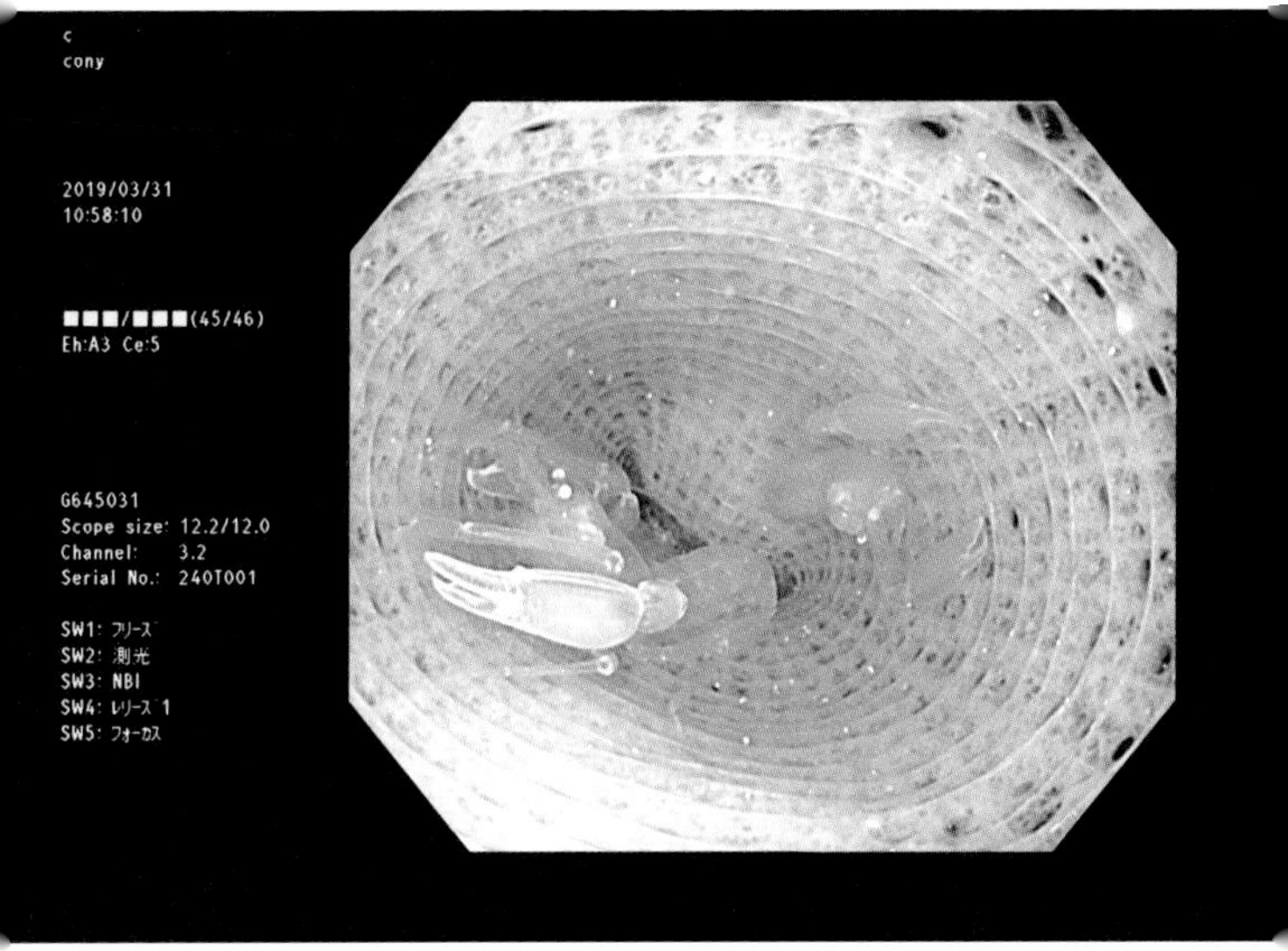

カイロウドウケツのなかで暮らす2匹のドウケツエビ

©国営沖縄記念公園(海洋博公園)・沖縄美ら海水族館

カイロウドウケツのなかにすまうことで、ドウケツエビは外敵からの捕食を免《まぬが》れることができる。しかも小さいはさみ状の足を穴から外に出して、引っ掛かったエサをつまんで食べることもできる。

ドウケツエビ側には、メリットがたくさんあるが、カイロウドウケツにとっては利益も不利益もないと考えられている。それでも、カイロウドウケツは、夫婦のエビを追い出すことなく、一生面倒を見るというわけだ。もともとは、つがいで寄生するエビのほうをカイロウドウケツと呼んでいたようだが、のちに〝家〟であるカイメン自体がそう称されるようになったという。

夫婦円満の秘訣は、安全・安心で、そのうえ美しいスイート・ホームにあるようだ。ちなみにドウケツエビに子どもが生まれると、やがてその子どもは自分の家となるカイロウドウケツを探して出ていくという。

子どもが去っても夫婦仲良く。われわれ人間も、ドウケツエビにあやかりたいものである。

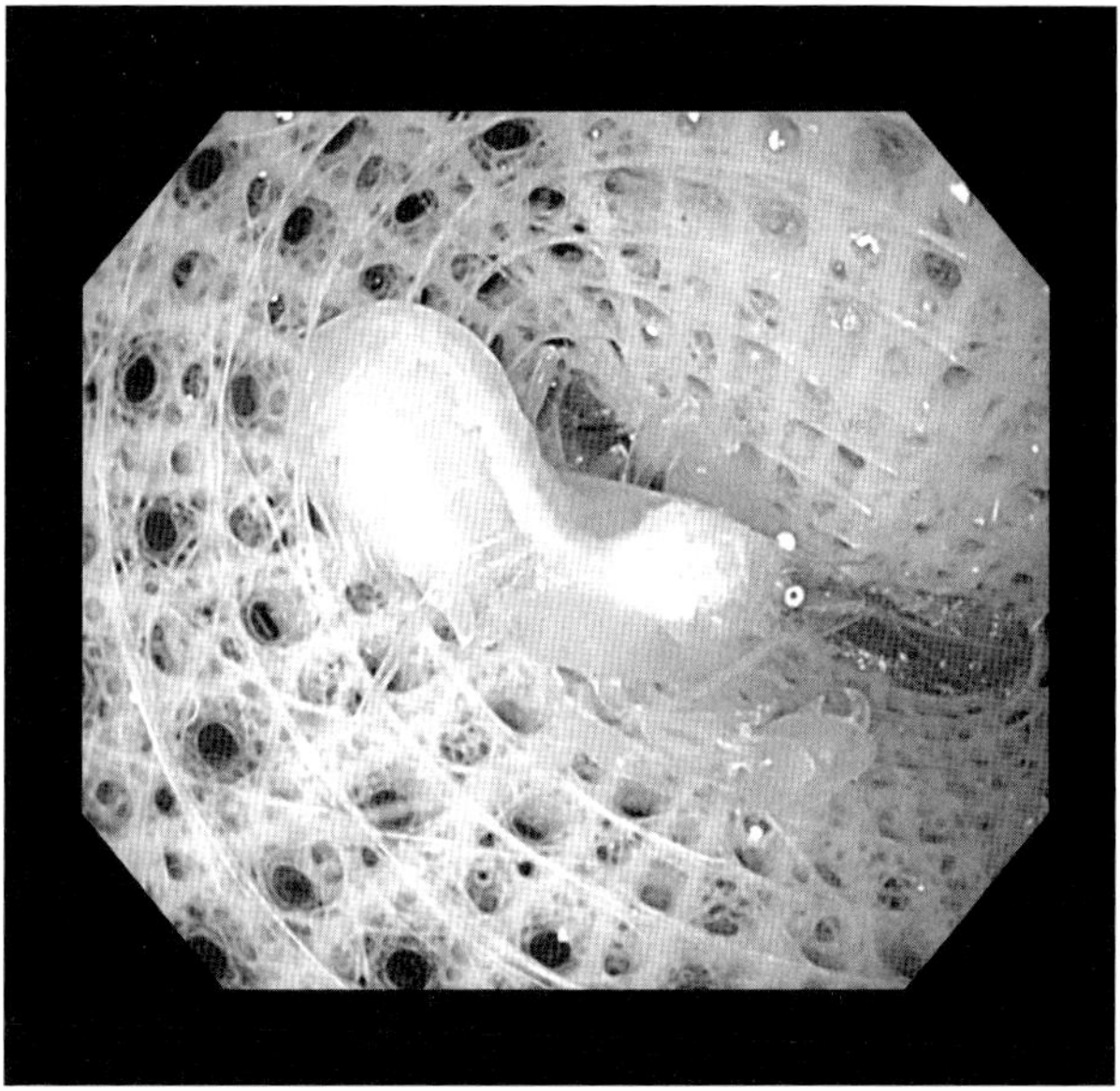

ドウケツエビは、小さなハサミ脚を外に出し、カイロウドウケツの外側に付着した有機物を食べて暮らす

©国営沖縄記念公園(海洋博公園)・沖縄美ら海水族館

傷つけ合わないために大きくなったモノ
――フクロミツスイ

オーストラリア南西部の森のなかに、世界最小サイズの有袋類《ゆうたいるい》がいる。有袋類は、胎盤《たいばん》がないため、未熟な状態で生まれた子どもが、自力で母親の下腹部にある袋（育児嚢《いくじのう》）に入って、乳を飲んで育つ哺乳類だ。カンガルーやコアラをはじめ、約２７０種が知られ、おもにオーストラリアやタスマニア島に分布している。

そのなかでも体長約8センチ、体重およそ10～20グラムのフクロミツスイ科のフクロミツスイは、手のひらにすっぽりと収まってしまうほどの極小サイズ。このミニミニ有袋類のフクロミツスイは、体長の3分の1にもおよぶ長い舌を口先からのばし、花の蜜《みつ》や花粉をなめて食べる。南国に生息する細いくちばしをもつミツスイという鳥がいるが、まさに哺乳類版ミツスイである。

花の蜜を食べる哺乳類は、一部のコウモリを除いては、ほかに知られていない。一年中、色鮮やかな花々が咲き誇るオーストラリアならではの珍しい哺乳類だ。

花の蜜と花粉を主食とするフクロミツスイ

そのサイズといい、食の好みといい、おとぎ話に出てきてもおかしくないフクロミツスイなのだが、そんな愛らしい〝フェアリー〟は、意外な世界最大のモノをもっている。

じつはフクロミツスイの睾丸《こうがん》は、その体と相対的に見れば哺乳類で最大級。人間でいうと、バスケットボールをぶら下げて歩き回っているくらいというから、かなりのヘビー級。さらに精子の大きさは、肉眼でも見えるレベルのおよそ0・4ミリ。この精子は哺乳類最大で、なんとシロナガスクジラの精子よりも大きいという。

世界最小クラスの有袋類に世界最大の精子。摩訶《まか》不思議に思える取り合わせだが、ここにフクロミツスイの賢《かしこ》い生存戦略が隠されていた。

多くの生物のオスは、子孫を残すため、メスをめぐって戦う。時には怪我をしたり、死んでしまったりと、自分の遺伝子を未来につなげるのは、命がけの行為だ。

しかしフクロミツスイの戦い方はちょっとちがう。メスは繁殖期になると多数のオスと交尾する。つまり1対1ではないので、1匹のメスをめぐって、オスたちがバトルを繰り広げる必要はない。

その代わりに戦ってくれるのが、精子そのものなのだ。つまり、複数のオスの精子のなかで、強い精子だけがめでたくメスの体内で卵子に到達して受精できる仕組みである。大きな精子が勝ち残りやすいので、フクロミツスイの精子は、より大きくなるよう進化してきたと考えられている。

フクロミツスイのオスたちは、自分が戦う代わりに精子を戦わせることで、無駄な争いを避けて生きる道を選択してきた。

ある意味、彼らの生き方はとても平和的だ。決して傷つけ合わない。しかし、世界最小サイズの体のなかでは、世界最大のバトルが繰り広げられていた。

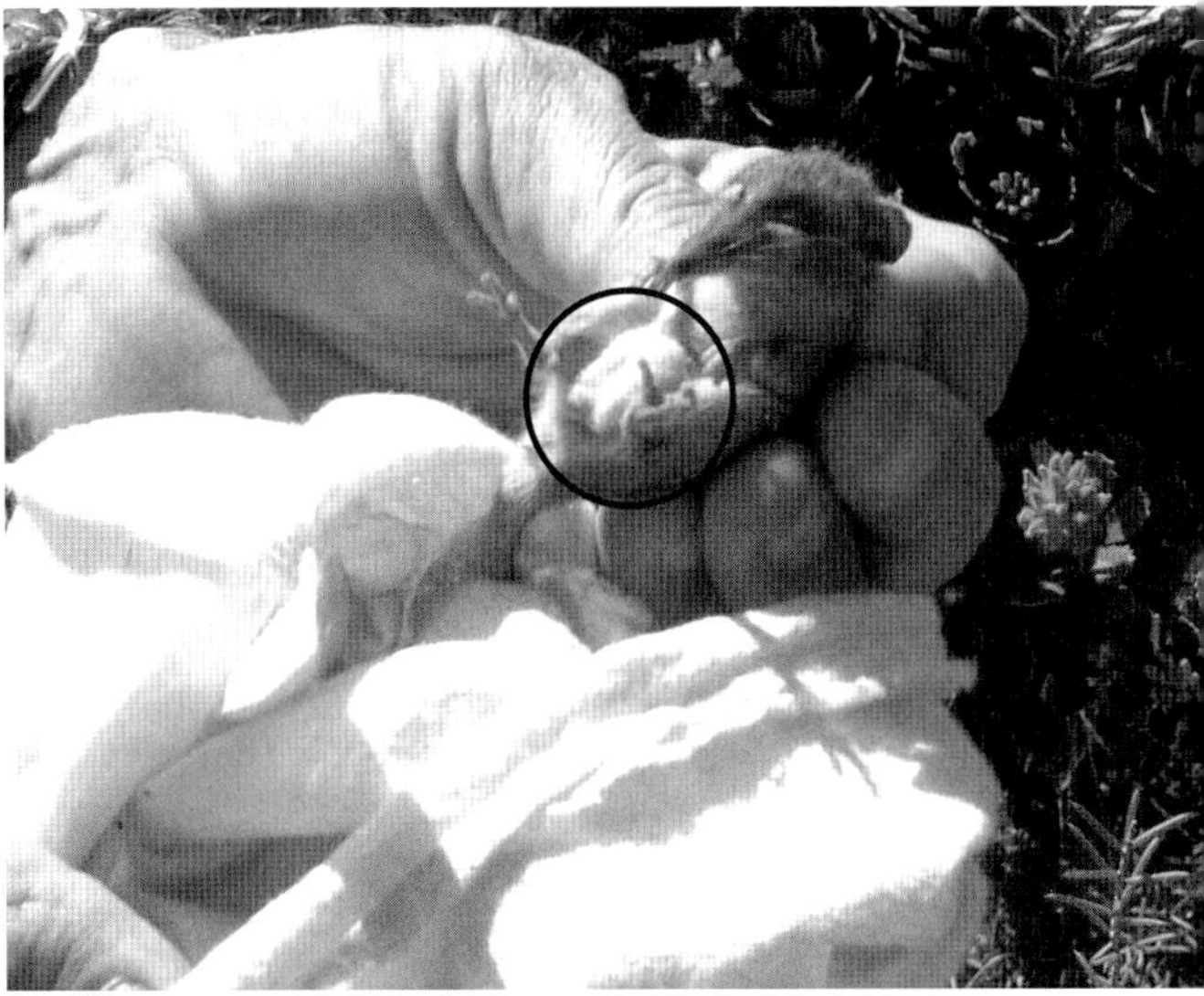

フクロミツスイの睾丸。人間で例えるとバスケットボールサイズ

複数のオスの精子がメスの体内で戦う

生き抜くことと競争や戦いは切っても切り離せない関係だが、その方法は多様であることを、フクロミツスイは教えてくれる。

コラム
深海ってどんなところ？

ユーラシアプレート、北米プレート、太平洋プレート、フィリピン海プレートの4枚のプレートの上にある日本は、水深6000メートルを超える海溝が4つもあるため、じつは世界一の深海大国である。水深5000メートルより深い海水保有体積が世界一位の日本では、現在、さまざまな深海調査や研究、技術開発が進められている。

では、深海とはいったいどのくらいの深さのことをいうのだろう。じつは、どの程度の深さからを深海というかの明確な定義はない。海洋学では、一般に2000メートルより深いところをさすことが多く、海洋生物学では水深200メートル以深のことをいう。海洋生物学でいうところの深海は、地球上の海洋の約95パーセントを占めている。

水深200メートルまでを表層《ひょうそう》、200〜1000メートルを中深層《ちゅうしんそう》といい、ここまではわずかながらも太陽の光が届く。1000〜3000メートルは漸深層《ぜんしんそう》と呼ばれ、ここからは、光の届かない漆黒の闇の世界。さらに深い3000〜6000メートルの深海層になると、水圧は300気圧を超える。そして6000〜1万メートルは超深海層といい、全海底面積の2パーセントに満たない。

中深層以深では、光合成に必要な太陽光が十分でないため、植物プランクトンや海藻は生育できない。そのため、深海生物はすべて動物食性である。高い水圧、低い水温、低酸素濃度、さらにはエサが少ないなど、深海は生物が生きるには過酷な条件が並ぶ。そんな極限状態を生きる深海魚は、変わった形や生態を示す種が多い。

たとえば捕食。エサに乏《とぼ》しい中深層に生息する魚たちは、エサを得るために二つの異なった道を選択するものが現れた。ハダカイワシ類やテオノエソ類の一部は、夜になるとエサの豊富なより浅い場所へ浮上してエサを食べ、昼間は200メートル以深に戻る。

対してチョウチンアンコウ類やフクロウナギ類のように、待ち伏せして獲物を得ようとするものもいる。これらの仲間は、数少ないエサに出会うチャンスを逃さないよう、鋭《するど》いきば状の歯のある大きな口をもつものが多い。さらに食道や胃は伸縮自在で、自分より大きい獲物でもごくりと飲み込むことができるものもいる。

多くの深海魚に見られる〝いかつい〟顔つきは、エサに効率よくありつけるための、形態上の進化のひとつなのだ。

一方で、エサが少ない深海にもかかわらず、ダイオウグソクムシなど、巨大な体をもつ深海の生物もいる。雑食性のダイオウグソクムシは世界最大の等脚類《とうきゃくるい》で、大きいものでは全長50センチにもなることがある。ほかの生物の死骸《しがい》などを食べるので、「海の掃除屋」と呼ばれるが、飢餓状態でも生存することができ、何年もエサを食べずにいられることもあるという。また低水温の環境下で成長が遅くなり、成熟期も遅れるため、その結果、長い寿命を得る深海生物も少なくない。

スクーバーダイビングによる潜水深度世界記録は、332メートル。2014年、エジプト人ダイバーが紅海で樹立した。14分で深度332メートルに到達したが、浮上するのには、なんと14時間も費やしたという。太陽の光が届かない漆黒の世界の深海は、人間がやすやすと立ち入ることのできない地球上に残された最後の秘境なのである。

5章

極上の孤独の果て

孤独な環境だから生まれたニュータイプ
――デメニギス

光がほとんど届かない深海には、われわれの想像をはるかに超える、じつに不思議なデザインの生物がいる。それは、深海という環境自体が、人間の想像を超えた世界だからなのだろう。

アメリカ西海岸、サンフランシスコの南、およそ200キロにあるモントレー湾の底には、「モントレー海底大渓谷」と呼ばれる深さ3000メートルもの海底渓谷が広がっている。この規模は、グランドキャニオンをもしのぐといわれ、今なお知られざる多くの深海生物が生きている。

モントレー湾水族館研究所のブルース・ロビソン博士は、無人探査機を使って、モントレー湾の深海に生きる数多くの新種を発見してきた。

そんなロビソン博士でさえ、めったに出会えない伝説のモンスター・フィッシュがいる。
今から80年以上前（１９３９年）の新種発見のレポートに「極端におちょぼ口」「目は円柱状で、真っ直ぐに上を向いている」と報告されているその〝モンスター〟は、デメニギス。デメニギス科の海水魚だ。

東北地方の太平洋岸、北太平洋の亜《あ》寒《かん》帯《たい》海域から温帯海域に広く分布する体長15センチほどになるデメニギスは、水深４００〜８００メートルの中深層にすむ。水深２００〜１０００メートルは、トワイライトゾーンと呼ばれ、深海ではあるがうっすらと光が届くゾーン。ここでは、生物同士の激しい生存競争が繰り

the osseous structures became flabby. The maxillary is short b
greatly expanded posteriorly so that it is nearly as broad as it is lo

IGURE 59.—*Macropinna microstoma*, new genus and species: Holotype (U.S.N.M. no. 108143), 39 long, from station 621C.

he dentary is even more expanded posteriorly than the maxil

80年以上前の新種発見レポートに描かれたデメニギスの姿

広げられている。

その存在が確認されてから65年後の２００４年、ロビソン博士は、２０００回以上に及ぶ探査の末、世界で初めて、デメニギスの生きた姿をとらえることに成功した。そして、その姿は想像をはるかに超えるものだった。

人々を驚かせたのは、まずデメニギスの頭部が透明だったことである。頭部は透明なカプセル状になっており、ゼリーのように柔らかい。目のように見える小さなふたつの黒い点は鼻。では、目はどこにあるかというと、なんと透明な頭部に埋め込まれていたのだ。

その円筒状の目は、上を向いており、カプセル状の頭部を満たすゼリー状の液に保護されている。おまけに、蛍光塗料で描かれたような、インパクトのある緑色をしていた。

いったいなんのために、デメニギスはＳＦ小説に登場するかのような奇怪な姿をしているのだろうか――。


ロビソン博士は、デメニギスのことを「海の盗賊」と呼んでいる。じつはデメニギスは、クダクラゲをはじめとした生物が捕まえたエビやカニなどを盗んで食べる性質があるという。獲物を盗む際、触手で攻撃されても防御ができ、なおかつよく見えるよう、目玉を透明な頭に埋め込んでしまったらしい。

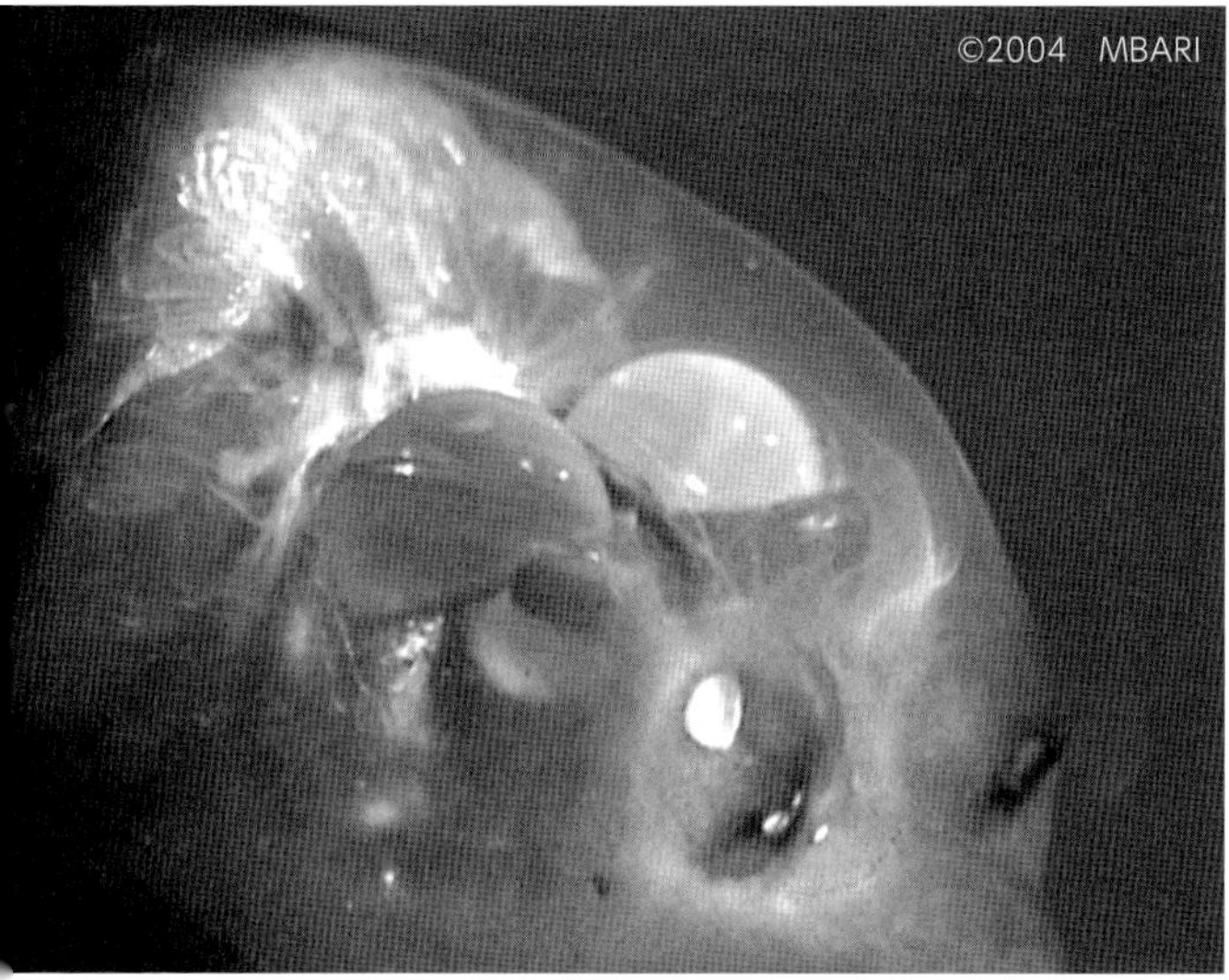

2004年に初めて生きた姿がとらえられたデメニギス

デメニギスにとって、この目は生命線である。トワイライトゾーンでは、多くの魚たちが獲物の影をたよりに、エサを探す。しかし、獲物もただでは食われない。腹部に発光器を発達させて、その光によって自分の影を消し、敵から身を隠す知恵者もいる。

ところが、デメニギスの緑の色素に覆《おお》われた目は、生物の出す光と太陽の光との微妙なちがいをあぶり出し、獲物をはっきりと見つけてしまう。

さらにこの目のすごさはそれだけにとどまらない。ひとたび獲物を視界にとらえると、上を向いて

通常は目を上に向けながら、獲物のわずかな光をとらえ捕食する

上を向いた目は回転して前方を見ることもできる

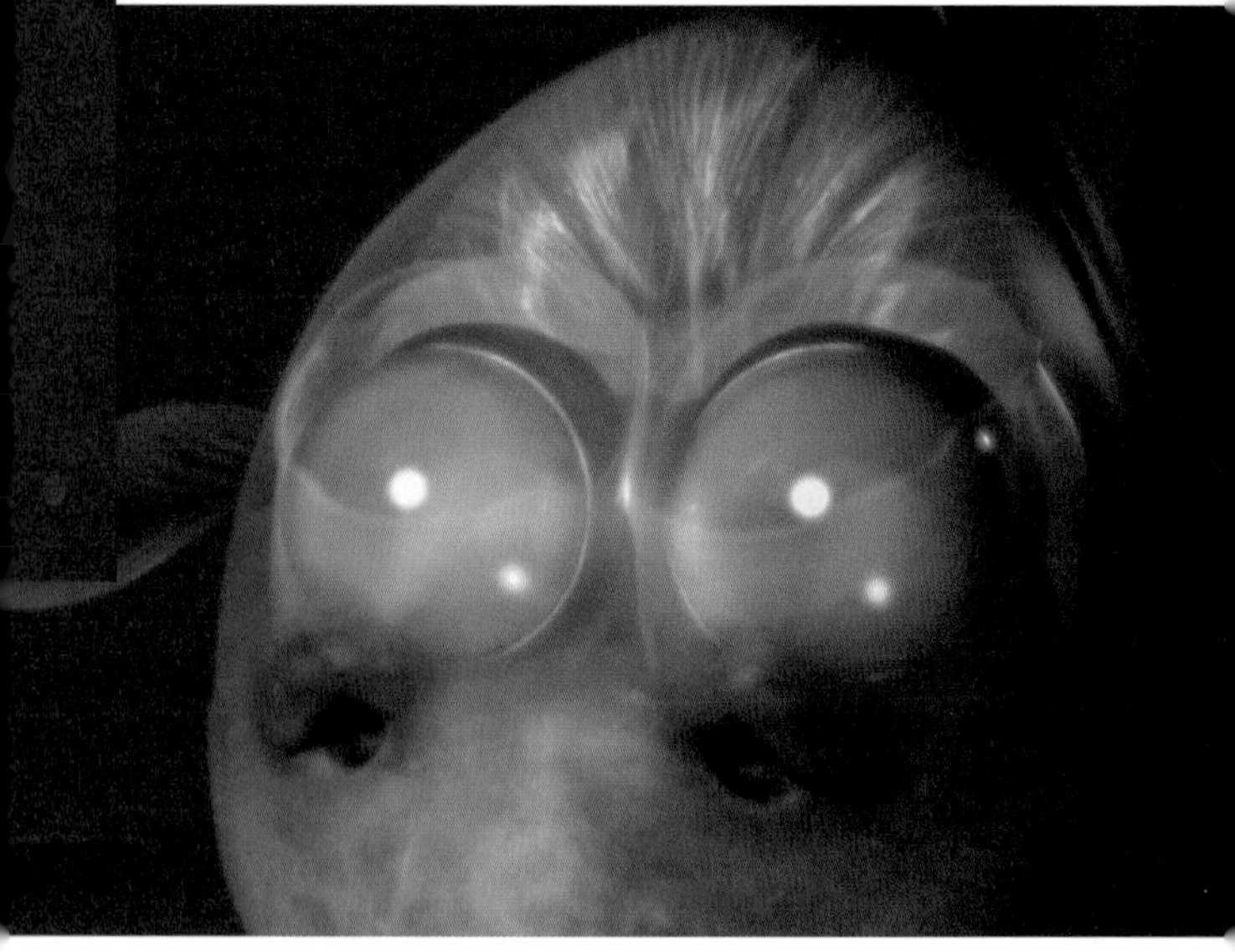

CG：「NHKスペシャル　ディープ・オーシャン」より

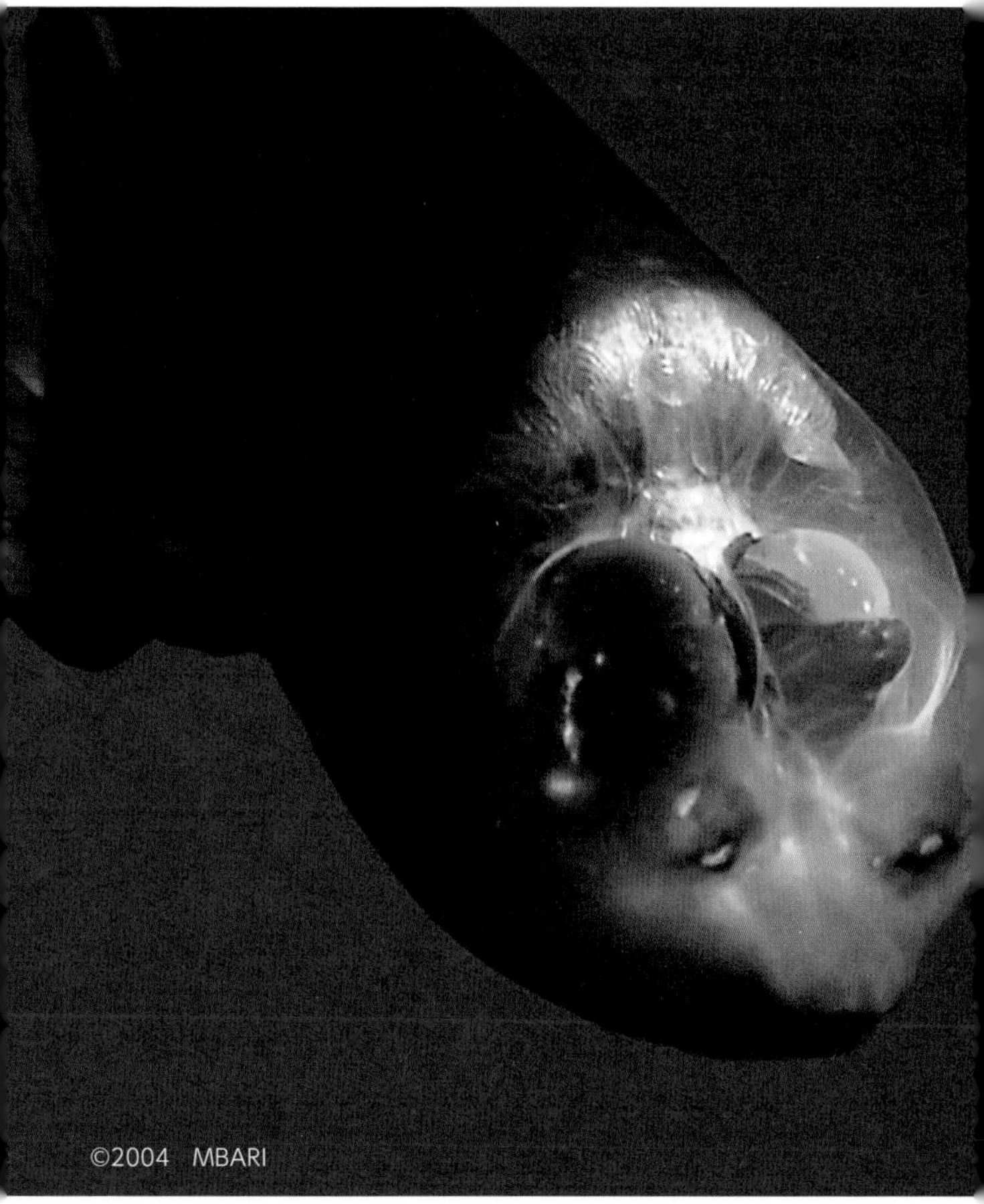

上に向いた緑色に光る２つの円柱がデメニギスの目

いた目がなんと前方にぐるりと回転するのである。こうなったら、獲物はなすすべはない。精巧な機械仕掛けのような目で前方に獲物をとらえたら、小さな〝おちょぼ口〟でパクリとひと口である。

深海は水温が非常に低く、水圧も高い。そしてなによりも、暗い世界である。そんな過酷な世界に生きる深海魚の姿は、われわれの常識からは考えられないほど、どれも奇妙だ。しかし、その奇怪に見えるかたち、デザインは、厳しい環境に適応するべく、高度に研《と》ぎ澄《す》まされてきたものである。

忙しく暮らす現代のわれわれも、ときに深海と同様に厳しい環境に身をおかなければならないこともある。そんなとき、デメニギスの姿を思い出してみてはどうだろう。緑色に光るその目は、厳しい環境に倦《う》むことなく、自分をアップデートして生き抜くたくましさを教えてくれる。

林語録

へんてこ生物から導き出される“名言”を林塾長が紹介

孤独は、独創性や冒険的な美意識、そして詩を生み出す

トーマス・マン（1875－1955）／ドイツの小説家

解説

デメニギスをはじめとした深海魚は、われわれが考えられないほど寂しい環境で生きています。でも、その孤独な世界のなかで、個性的な方向性を見出していることに感動を覚えます。独立した個人というものは、孤独のなかで成熟していくものだと思います。「個は孤のうちに熟す」のです。

深海で繰り広げられるディープな愛のカタチ
——チョウチンアンコウ

深海にすむ生物は、その生態もわれわれの想像の枠を軽々と超えてくる。
２０１６年、貴重な映像が撮影された。北大西洋の水深８００メートルを泳ぐ、ヒレナガチョウチンアンコウのメスの映像である。
ヒレナガチョウチンアンコウは、恐ろしい風貌から〝深海の悪魔〟とも呼ばれている。
「鰭条《きじょう》」と呼ばれるひれを支える線状の組織を光らせて優雅に泳ぐメスのお腹のあたりをよく見てみると、小さな魚がついている。じつはこれはオス。オスがメスにかじりついて生殖活動をしているのだ。

©Rebikoff Foundation

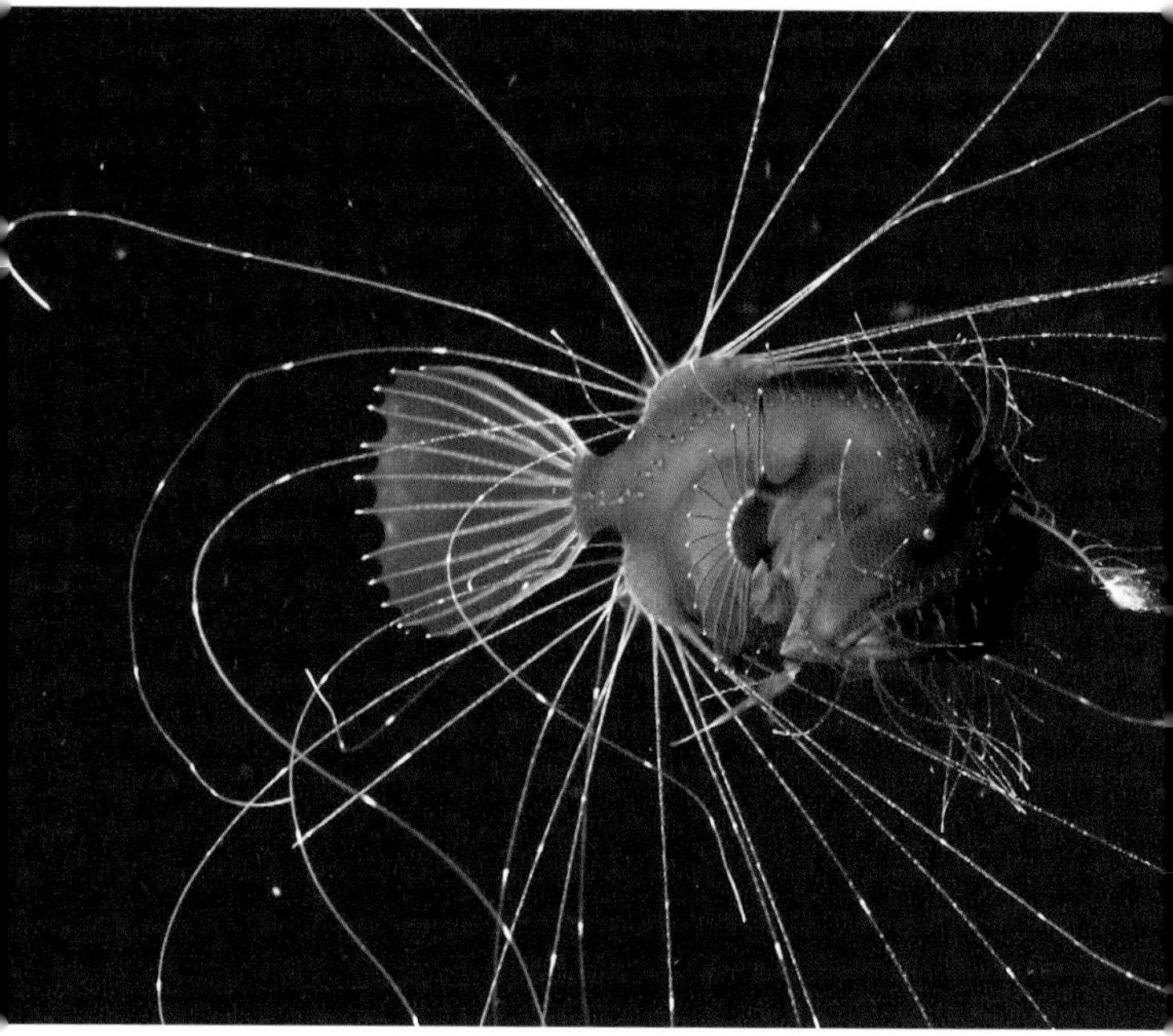

2016年に世界で初めて撮影されたジョルダンヒレナガチョウチンアンコウの生殖活動を行なっている様子。大きいのはメスで、その腹部の突起物のようなものがオス

ヒレナガチョウチンアンコウを含むチョウチンアンコウは、温帯から熱帯の海に分布する深海魚で、体長はメスが60センチ内外、オスはメスよりもずっと小さく、4センチほどしかない。

メスにはその名前の由来となった発光する球形のルアー状の突起があるが、オスにはそれもない。チョウチンアンコウ

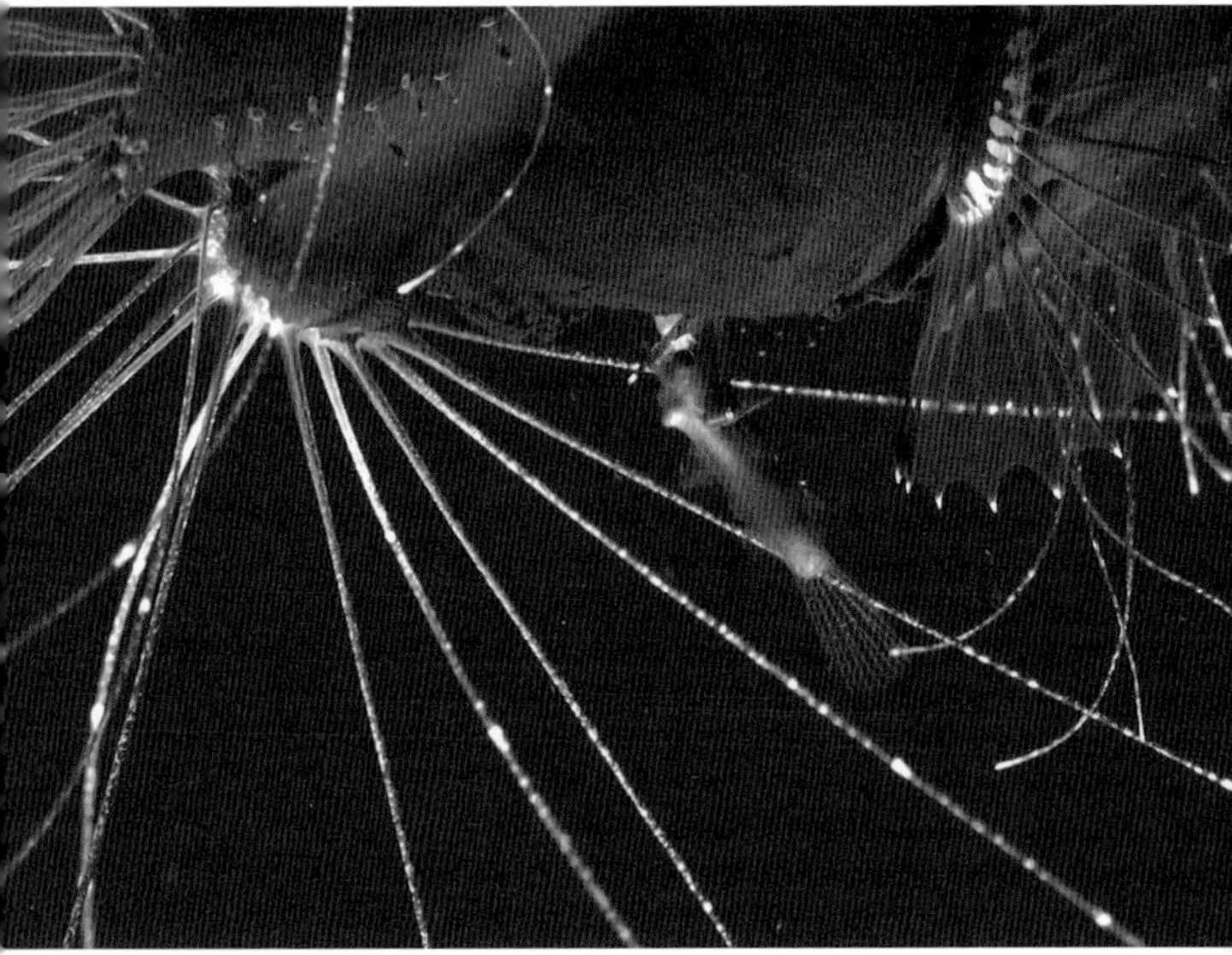

生殖活動を行なうためにメスにかじりつくオス　©Rebikoff Foundation

なのに、〝提灯〟をもたず、体も小さい。しかし一方でオスは、大きな目と発達した嗅覚をもっている。その目と嗅覚でメスが発する化学物質を探し当てると考えられており、〝お相手〟を見つけるや、両顎にある強い歯で嚙みついて、寄生するのだ。

その後は、自分ではエサを探すこともせずにメスから栄養分を供給してもらいながら生きる、まさに〝ヒモ的〟な生き様を貫くチョウチンアンコウのオスは、メスに寄生して成熟する。オスがメスの体表に寄生してから成熟するまでに要する時間はわかっておらず、意識があるかも不明。ただオスは、メスの体表に寄生したまま〝彼女〟の産卵を待ち、産卵のタイミングと同時に精子を出して受精させると考えられている。

よく巷《ちまた》では、チョウチンアンコウはオスの組織がメスの体の一部になったり、吸収されたりするという話が都市伝説のように語られるが、それは誤りである。こうした不思議な生態は、やはりチョウチンアンコウが暮らす深海という環境に大きく関係している。

広く深い海のなかでは、雌雄が出会う確率が非常に低い。

これはその希少な機会を決して逃さないための生存戦略ではないかと考えられている。

また、オスがメスに寄生すれば、食べ物が少ない環境で、同種のオスとメスがエサを取り合う必要性も回避できるのだ。

ディープ・シーで繰り広げられる、わが身を捧げる〝ディープな〟愛のカタチである。

林語録

へんてこ生物から導き出される“名言”を林塾長が紹介

恋愛とはその二人が一体となることであり、一人の男と一人の女とが一人の天使となって融け合うことである。それは天国である

ヴィクトル・ユゴー（1802―1885）／フランスの詩人・小説家

出典：『最新ことわざ・名言名句事典』（創元社）

解説 まさに融け合うチョウチンアンコウのメスとオス。天国とはあの状態のことなのでしょう。

6章

ともに生きるということ

〝笑顔〟は人との信頼の証!?――クオッカ

スマホの普及で、現代人は過去に例がないほど、自分の姿を写真で目にするようになった。記念日には、ケーキやごちそうとともにカシャッ、観光地に行けば、ランドマークを背景にカシャッ。そして、SNSはご丁寧に、「1年前の今日、あなたはこんな顔をしていましたよ」などと、お知らせまでしてくれるようになった。

だからこそ、写真におさまる自分は、できれば楽しげにいつも笑っていたいもの――。

そんな願いをかなえてくれる生物が、オーストラリア南西部、西オーストラリア州の州都パースの沖合20キロに浮かぶロットネスト島にいる。絶滅危惧種なのに、一緒に笑顔の自撮りができる、「世界一幸せな動物」と称されるクオッカである。

ロットネスト島は、東京の新宿区くらいの小さな島で、島全体が国立公園に指定されている。人口100人足らずの島だが、訪れる人は年間50万人以上という人気の観光地であ

ロットネスト島の日常生活に溶け込む2匹のクオッカ

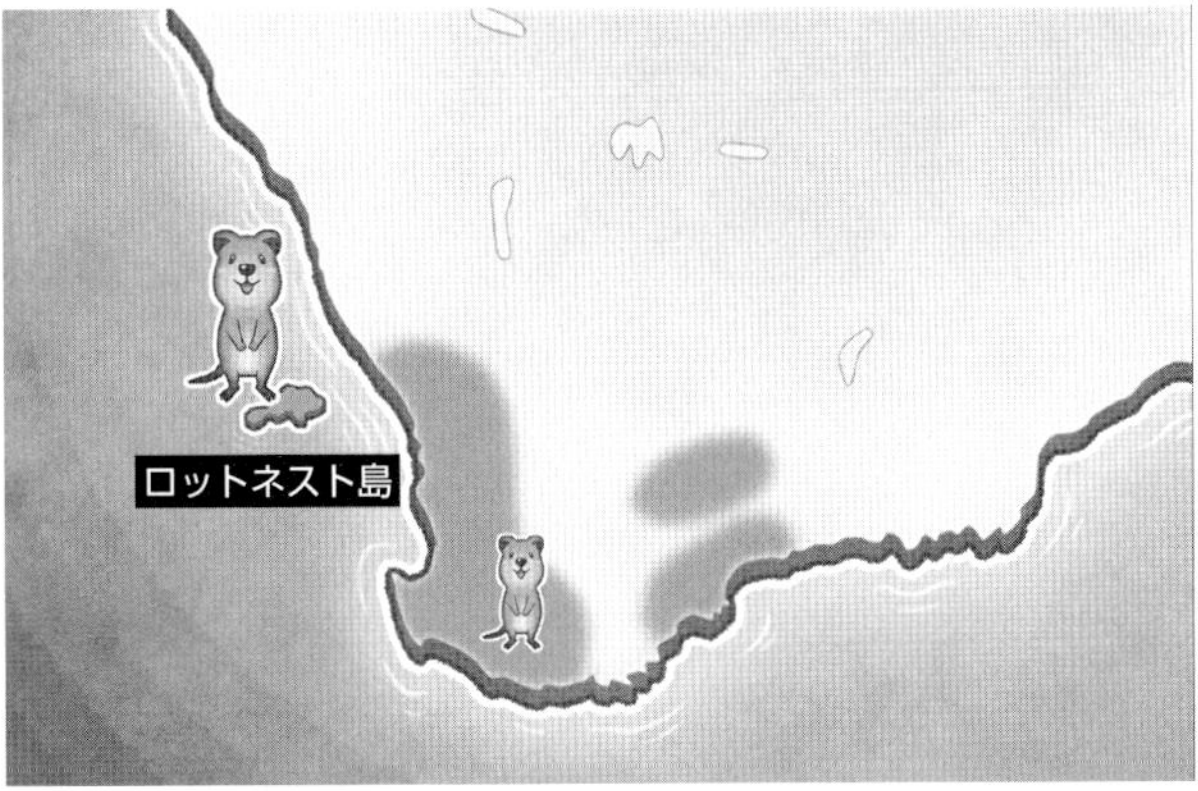

かつてはオーストラリアに広く生息していたが、現在ではロットネスト島とその周辺にしか生息していない。

る。観光客の目当てはもちろんクオッカだ。

大きな鼻と小さな耳、つぶらな瞳はまるでぬいぐるみのようだ。そしていちばんの特徴が、少し口角が上がった口。この口がまるで笑っているような表情に見えるのである。その姿はここ数年、SNSで世界中に拡散され、日本でも写真集が注目された。

群れで行動するため、ロットネスト島では町のあちこちでクオッカに出会える。この生物が絶滅危惧種とは思えないほどだ。


もともとオーストラリア南西部に広く生息していたクオッカは、近年、森林の伐採や外来種の狐に襲われ数が激減してしまった。現在、生き残っているクオッカのほとんどは、ロットネスト島をすみ家にしている。

ロットネスト島がクオッカの楽園となったのには、理由がある。島の湖は、濃度計の針が振り切れてしまうほど塩分濃度が高い。じつに海水のおよそ3倍もの塩分が含まれているという。この島には真水がほとんどなく、クオッカの天敵になるような生物がすめなかったのだ。しかしクオッカは、植物から摂取できる水分で十分生きていけたのである。


ところが、そんなロットネスト島のクオッカも19世紀、大ピンチに直面した。当時、移

愛らしい笑顔には人と共存するための試行錯誤の歴史が隠されていた

クオッカの天敵を遠ざけたロットネスト島の塩湖

住者がペットとして持ち込んだ猫が野生化し、クオッカを次々に襲うようになったのである。

そこで、1970年、地域の人々はクオッカの保護に乗り出した。30年かけて猫を島外へ連れ出し、クオッカへのエサやりや触れることも法律で禁止。クオッカとの適切な距離をとりながら、共存できるよう人間に厳しい規制をかけたのである。

長い年月をかけて保護活動を行なった結果、クオッカの数は回復し、今ではすっかり島の日常生活に溶け込み、人間に自撮りをさせてくれる関係にまでなった。

〝ハッピーアニマル〟クオッカの笑顔は、野生動物と人間が時間をかけて築いてきた信頼の証である。

林語録

へんてこ生物から導き出される“名言”を林塾長が紹介

楽しいから笑顔になるのではない、笑顔になるから楽しいのだ

ウィリアム・ジェームズ（1842-1910）／アメリカの哲学者、心理学者

解説 楽しいときは放っておいても人はニコニコ笑います。でも人生は楽しいことばかりではありません。そんなときは、笑顔になるところから出発しようじゃないか。そしてふと隣を見ると、クオッカのようにともに笑ってくれる友がいるかもしれません。

穏やかに生きることの大切さ――マナティー

アメリカ、フロリダ州シトラス郡を流れるクリスタルリバー。住宅街を流れるこの川で、身を寄せ合うマナティーの不思議な写真が撮影された。

マナティーは、マナティー科に属する水生動物の総称。淡水域や汽水域を中心に暮らす草食哺乳類で、大西洋沿岸の熱帯・亜熱帯域に1属3種が生息する。

フロリダで見られるアメリカ（フロリダ）マナティーは、西インド諸島からメキシコ湾、ギアナ地方にかけての沿岸部に生息し、体長3・3メートル、体重500キロに達する大型種。

アフリカマナティーは、アフリカ西岸のセネガルからアンゴラにかけて生息し、形態はアメリカマナティーによく似ている。

これら2種は、河川や河口、海水域ともに見かけられるが、残りの1種であるアマゾンマナティーは、アマゾン水系だけに生息し、海に出ることはない。体長はほかの2種と比

大集結するマナティーは、寒い冬ならではの光景　©USFWS

べると小型で、体長2・5メートル、体重350キロ程度という。

いずれも体は、水中生活に適した紡錘形でやや平べったい。尾びれは大きく、しゃもじのような形をしており、上下にあおって、いかにも気持ちよさげにゆったりと泳ぐ。

おしくらまんじゅうのように密集した上のマナティーの写真が撮影されたのは、冬のことだった。マナティーは寒さに弱い生物である。水辺のマングローブや水草、ホテイアオイなどを主食とするが、水草はいずれも低カロリーなので、ずんぐりとした体型の割に低脂肪。体を温める耐性がないので、冬場は身を寄せ合って温め合うことで寒さをしのいでいる。

そんな彼らは、クリスタルリバーのなかに、水温20度になる温かな地下水が湧《わ》き出るポイントを見つけて、そこにすみ着いた。クリスタルリバーは、温かな湧水があるうえ、水草も豊富で、マナティーにとって完璧な環境が整っていたというわけだ。

じつはこのマナティーは祖先がゾウに近い種で、恐竜の絶滅後のおよそ5000万年前には、陸地や浅い水辺を歩き回っていたと考えられている。この頃、地球上では哺乳類が爆発的に数を増やしていた。そしてマナティーの先祖は、ほかの多くの哺乳類とは異なる道を選択した。水の中で暮らすという生き方である。

その生活は、独特でまさにマナティー流。なるべく力を使わず過ごすのだ。潜水艦のように、ゆっくり浮き沈みするのも、エネルギーの消費を抑えるため。そうして、水草を食べ、現在のような姿へと進化していったのである。

現在フロリダに生息するマナティーは、わずか6000頭ほど。かつて、マナティーは美味《おい》しい肉と高く売買される皮を目当てに乱獲され、その数が減少してしまった。1970年代には、数百頭ほどとなり、絶滅のおそれのある種のレッドリストにも上げられた。

それにもかかわらず、フロリダにすむマナティーは、とても性格が穏やかなのだ。人懐《なつ》

3mほどになるマナティーが、クリスタルリバーを悠々自適に泳ぐ
写真：NHK「地球！ ふしぎ大自然」より

こく、人間を見つけると興味深く近寄ってくる。現在は、人間から近づくことは禁止されているが、マナティーのほうからすり寄ってくるのは構わない。まるで子犬のように、人を見れば喜んでじゃれてくるコもいるという。その様は、人間を逃げるべき敵ではなく、寄り添う友だとでも、感じているかのようだ。そんな人とマナティーとの関係を続けていくために、〝楽園〟を守る取り組みが始まっている。

フロリダでは、警戒心のないマナティーとボートが接触しないように、ボートの速度制限水域や、侵入禁止エリアも設けられた。また、マナティーのエサとなる水草を植えて増やす活動も行なわれている。数十年に及ぶ運動の結果、フロリダのマナティーの数は回復し、２０１７年、米国魚類野生生物局は、レッドリストから

時折、水面から鼻を出し、息継ぎをする

まんまるの尾びれで魚のような変わった体形をもつ

5000万年前、マナティーの先祖は水の中で生きる道を選択し、さまざまな困難を乗り越えて、現在の３つの生息地域にたどり着いた

マナティーを除外することを発表した。

「マナティーが先にここに住んでいたのです。だから私たちは、マナティーを尊重し共存の道を探さなければなりません」

クリスタルリバーのガイド、アンソニー・アルトマンさんはそう話す。

人間側の一方的な事情により絶滅の危機に瀕しながらも、今なお人間に近づいてくる穏やかなマナティー。その姿にわれわれ人間は、大きな癒《い》やしの力をもらっている。陸を去り、奇跡的にたどり着いたマナティーの楽園を守る活動は、めぐりめぐって、われわれ人間のためになっているのである。

林語録

へんてこ生物から導き出される“名言”を林塾長が紹介

天真に任す

良寛（1758-1831）／江戸後期の曹洞宗の僧・歌人

解説 **欲を離れて、自然のまま身を任せようという意味。**

小さな自分の世界や勝ち負けにこだわり、目先の利益を追いかけてばかりいる人間からは、決してマナティーのような穏やかさは感じられません。じつは、自然に身を任せて生きられる人がもっとも強いのではないかと思うのです。

7章

見えざる才能

脳はなくとも賢いやつ――モジホコリ

①単一の細胞。②転じて、考えの単純な人。

広辞苑で「単細胞」の項目を引くと、右のように説明されている。「この、単細胞が！」と言われれば、だれもが不愉快になるだろう。「単細胞」は、人を揶揄《やゆ》するたとえにされることはあっても、決して褒《ほ》め言葉として使われることはない。

しかし近年、この「単細胞」という言葉の使い方を改めたほうがいいのではないかと思わせる、ある研究が発表されて注目を集めている。

北海道大学の中垣俊之《なかがきとしゆき》教授は、２００８年と２０１０年の2度にわたり、独創的な研究に与えられるイグノーベル賞を受賞。いずれもモジホコリという単細胞生物の驚くべき能力をテーマとした研究が評価された。

モジホコリとは、雑木林や街路樹の根元、落ち葉や朽《く》ち木の表面などに生息する黄色い

黄色く広がったものすべてが一つの細胞でできている単細胞生物

粘菌《ねんきん》で、数センチから時には1メートルまでに巨大化する。変形菌ともいわれる粘菌は、たえず形を変えるアメーバ状の栄養体を広げる単細胞生物。動物なのか、はたまた植物なのか、その分類すらはっきりしていない。民俗学者、生物学者として名高い南方熊楠《みなかたくまぐす》が研究に熱中したことでも知られている。

むろん単細胞生物のモジホコリには、脳も神経もない。しかし、たったひとつの細胞からできている単細胞と侮《あなど》ってはいけない。モジホコリは、状況によってさまざまな「知性」を示すのである。

それを証明したのが、中垣教授の迷路の実験だった。モジホコリを小さく分けて、3センチ四方の迷路に置くと、広がって互いに合体し、入り込める空間はすべてモジホコリで満たされ

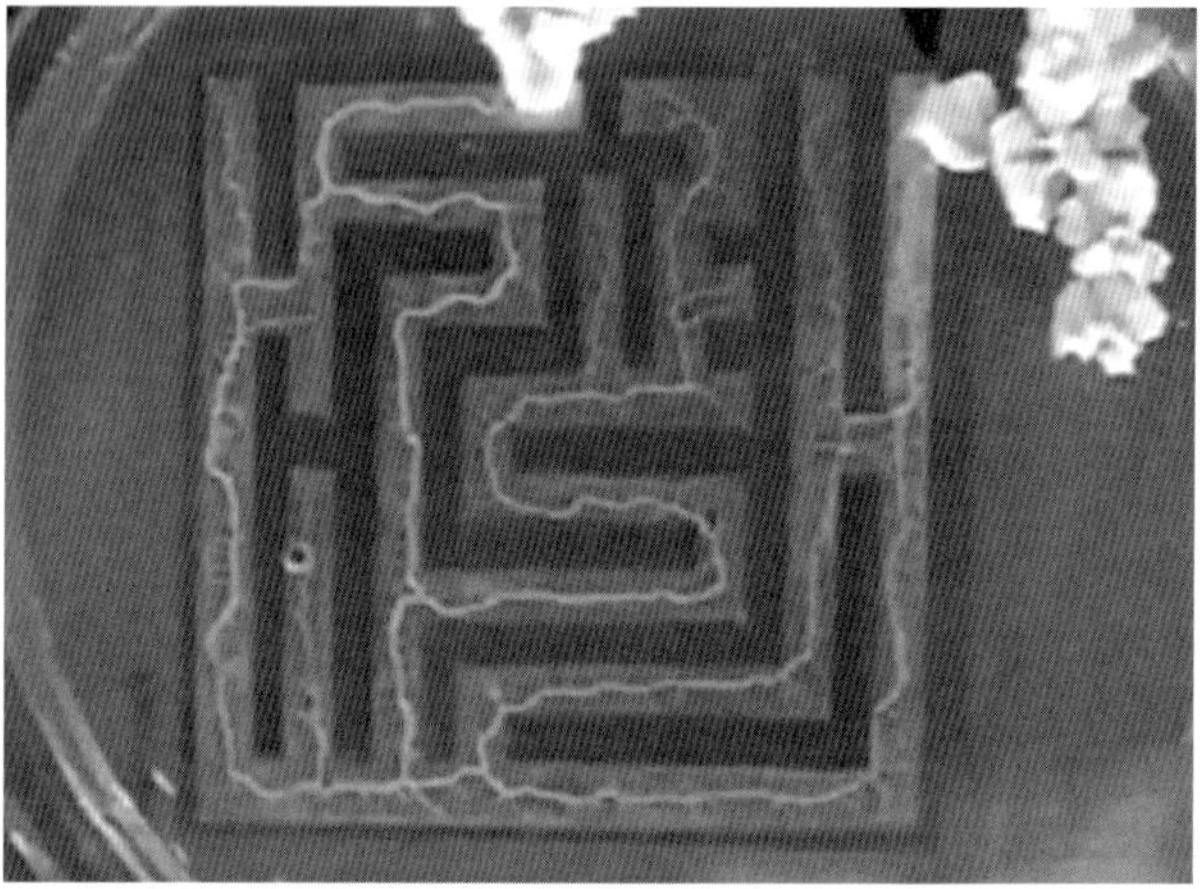

迷路の入り口と出口にエサを置き、モジホコリが最短ルートを選ぶことが検証された

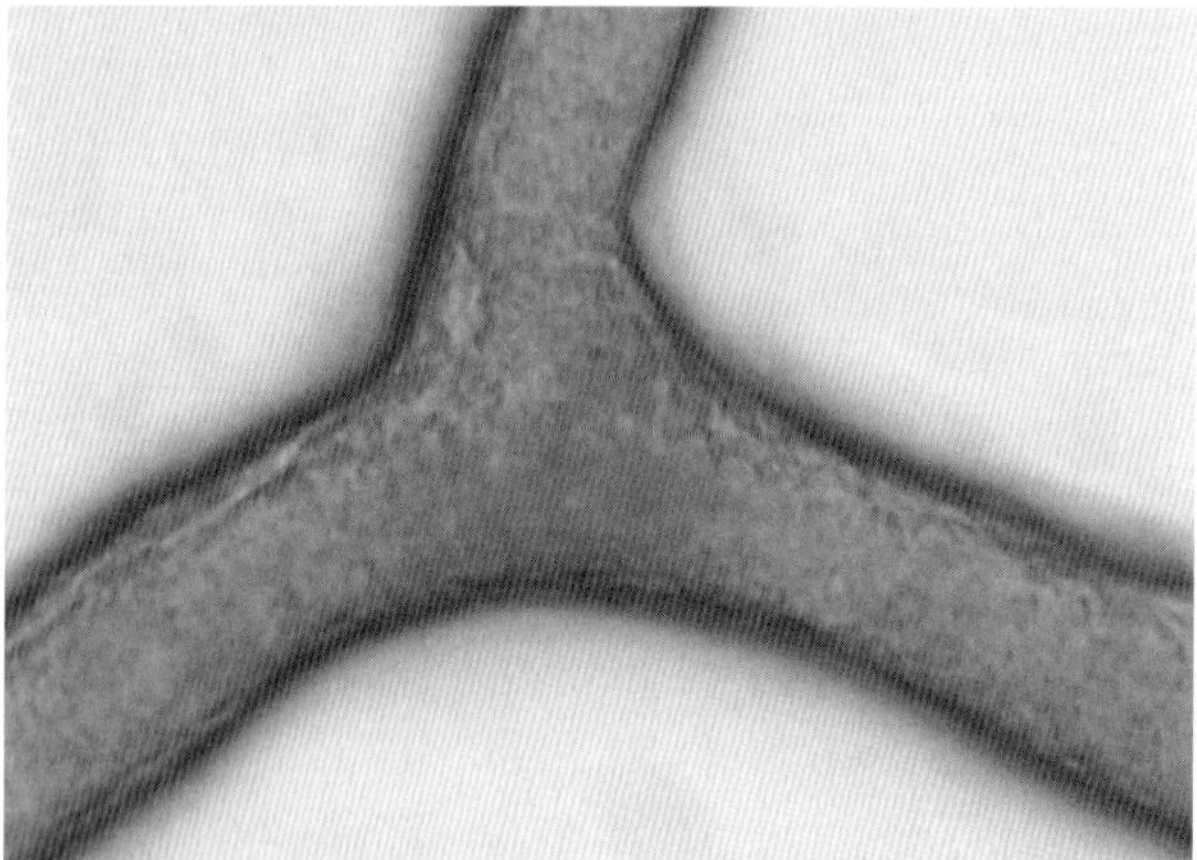

モジホコリの体は流れる栄養が多いと太くなり、
流れる栄養が少ないと細くなる

る。次に、迷路の入り口と出口それぞれに、エサを置いて観察する。すると、しだいにモジホコリは形を変えて、入り口と出口を結ぶ最短のルートをつなぐ形になったのである。単細胞生物なのに、なぜ、迷路を解くことができたのだろうか。

それは、モジホコリの体の仕組みに関係があった。モジホコリは、体に流れる栄養分が多いと太くなり、少なければ細くなり消えていく。つまり、栄養分をもっとも効率的に運ぼうとしたモジホコリの〝知能〟によって、ふたつのエサを結ぶ最短ルートが残ったというわけだ。シンプルな体の仕組みゆえに、迷路の解答を見つけることができたのである。「細胞によるこの驚くべき解決法は、細胞レベルの材料が原始的な知性を示せることを意味する」と中垣教授は解説する。

もうひとつ、ユニークな実験がある。北海道の地図を使い、札幌《さっぽろ》や釧路《くしろ》など、主要都市にモジホコリのエサを置く。次に3ヵ所にモジホコリを置き、広がりを観察。迷路の実験からもわかるように、モジホコリは主要都市を最短距離で結ぼうとする。しかし今度は迷路よりもさらに複雑な仕掛けを施《ほどこ》すことにした。

モジホコリが嫌がる光を山脈と同じ位置に当てて、実際の地形を再現したのである。モ

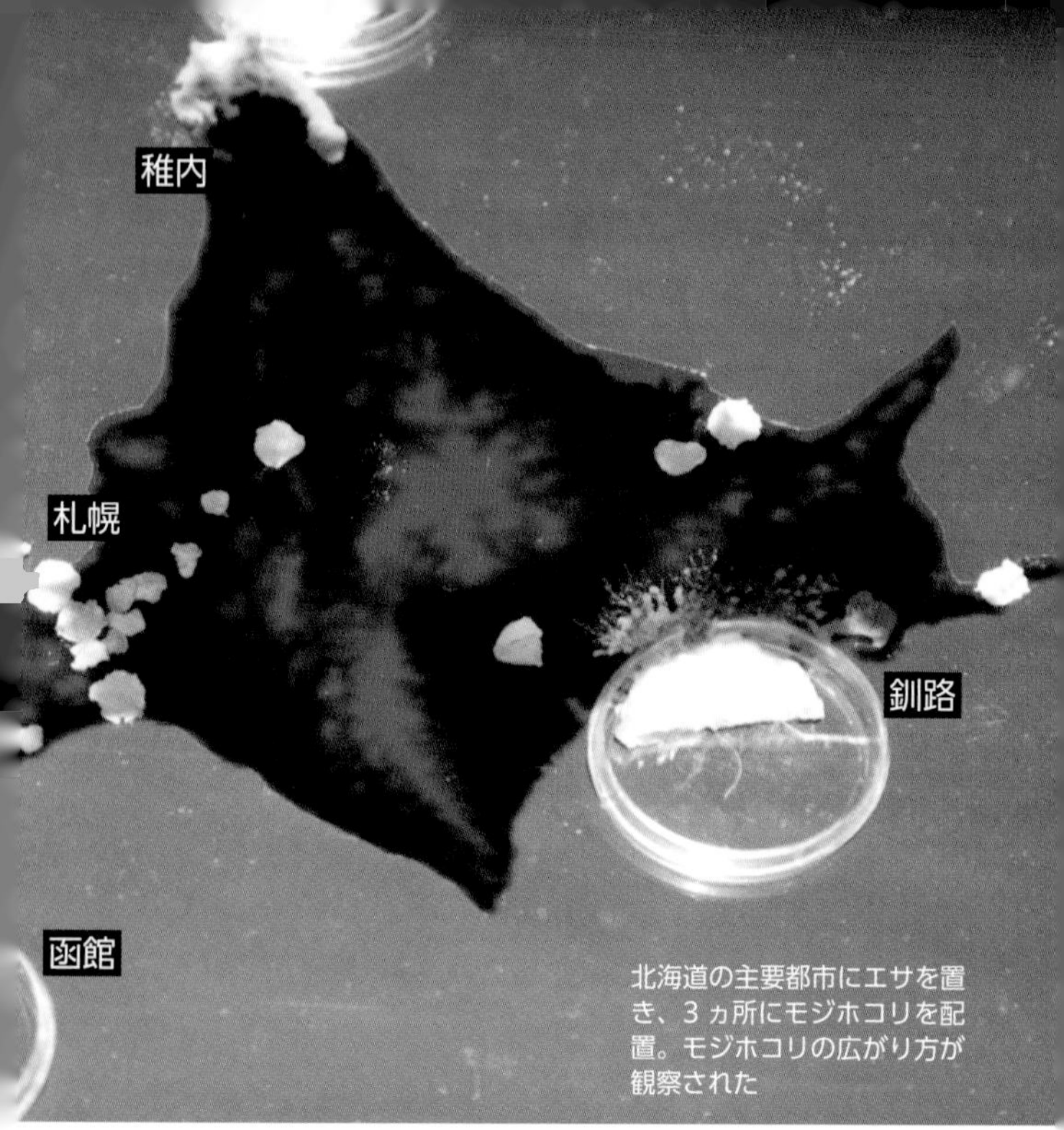

北海道の主要都市にエサを置き、3ヵ所にモジホコリを配置。モジホコリの広がり方が観察された

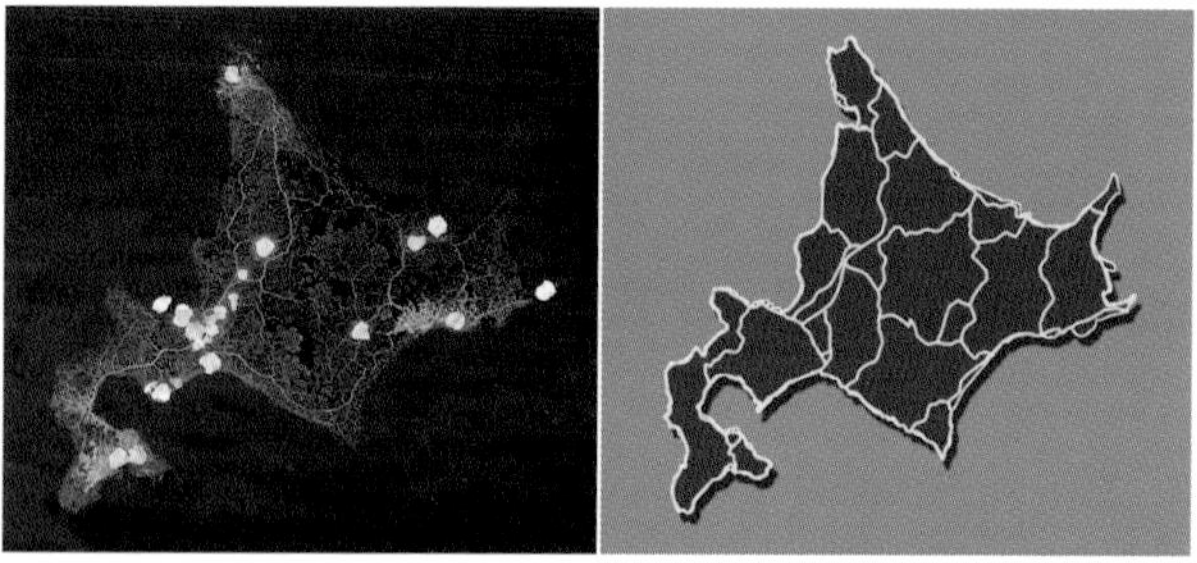

モジホコリは、山脈に見立てた苦手な光を避けて遠回りするよりも効率的だと判断し、山脈を越えるルートでもつながった。それは、人間がつくり上げた道路や鉄道網と似た形になった

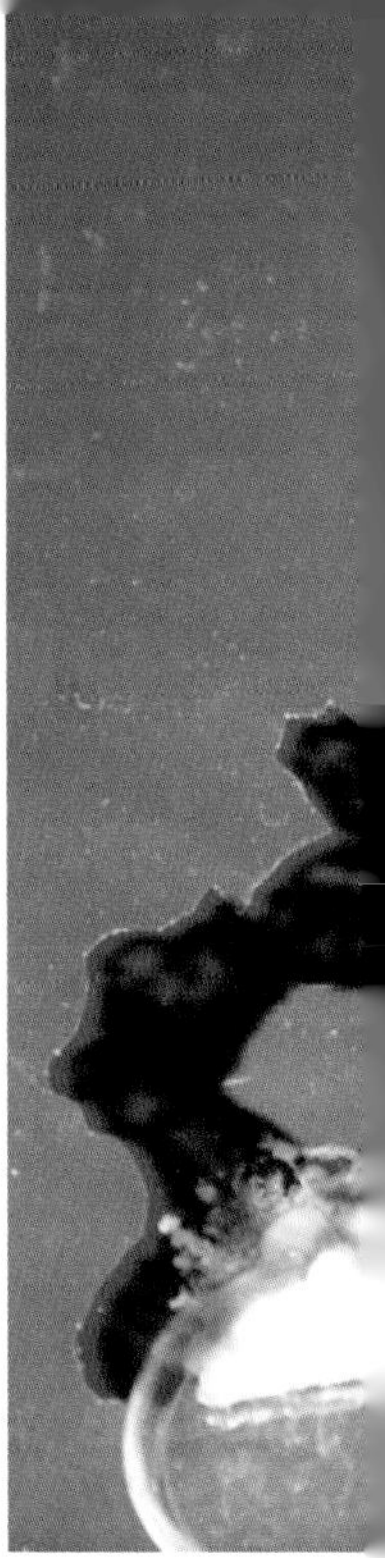

ジホコリは山脈を避け、遠回りを強いられることになる。ところがモジホコリは、光が当たっている山脈にも進もうとした。遠回りするよりも効率的だと判断したモジホコリは、山脈を突っ切るルートを選んだのである。

　こうして、網の目のように広がったモジホコリの形を見ると、なんと札幌を中心とした交通網が完成していた。そしてそれは、奇《く》しくもわれわれ人間が苦心の末につくり上げた鉄道や道路と似通ったものになっていた。

　さらに、中垣教授はモジホコリの時間記憶を示す実験も行なった。まず、直線的なレーンに沿って、モジホコリを這《は》わせていく。1時間後に気温と湿度を下げるストレスを与えた

モジホコリの知性を見出した中垣教授は、ユニークな研究に与えられるイグノーベル賞を2度も受賞

©AP／アフロ

ところ、モジホコリは環境の変化を感じとり、活動を停止。2時間後、3時間後と同様のことを繰り返してからの4回め、今度はあえてストレスを与えずに、様子を観察する。すると、環境の変化がないにもかかわらず、モジホコリは活動を停止したのである。これは、それまでの1時間ごとに受けた刺激を記憶し、次の刺激を予測したことを意味する。つまり、与えられた刺激に一定のリズムがあると、細胞内の化学物質が反応し、次にくる刺激に備えたと考えられるのだ。

中垣教授ら研究チームは、最終的には粘菌に学んだ計算方法を利用して現代社会のインフラ基盤である通信網・道路網・上下水道網などのネットワークの新しいデザインに役立てたいと考えているという。

賢さの象徴となっている脳。われわれはその脳によってのみ、高度な情報処理ができると思いがちである。しかしモジホコリは、脳がなくとも状況に応じて的確な判断ができている。

これまで幾度となく襲ってきた地球規模の環境変動を生き抜いてきた単細胞生物のモジホコリから、われわれ人間は学ぶことがあるはずだ。

林語録

へんてこ生物から導き出される“名言”を林塾長が紹介

大智如愚

たいちじょぐ

解説 **真の賢者は知識や才能をひけらかさない。**

脳がないのに、驚くべき知恵を発揮するモジホコリ。「単細胞」を揶揄《やゆ》する言葉として使えなくなる時代がくるかもしれません。

世界で唯一の才能の持ち主——ウォンバット

オーストラリア南東部とタスマニア島に生息するウォンバットは、草食性の有袋類である。アナグマに似たずんぐりとした体つきで、体長は70～120センチ。短く頑丈な四肢をもち、5指にある強力なカギ爪は穴を掘るのに適している。夜行性のウォンバットは、日中はそのカギ爪で地中に掘った巣穴で眠り、夜になると巣穴を出て、草や根を食べに出かけるのだ。ウォンバットの巣穴は、大きいもので長さ30メートル以上になるという。

ずんぐりむっくりした体つきからは想像しにくいが、動きは意外に素速いそうだ。しかし、ここで紹介する彼らの「見えざる才能」は、その素速さにあらず。ウォンバットの才能とは、いったい——。

2019年、アメリカやオーストラリアを中心とした国際研究チームがイグノーベル賞を受賞した。チーム・リーダーは、アメリカのパトリシア・ヤン氏。ジョージア工科大学

ウォンバットは、ユーカリ林や低木林に巣穴をつくって暮らす
©Ardea／アフロ

で体液を専門とする研究者である彼女は、ある日、ウォンバットのフンを見て、衝撃を受けた。

彼女が初めて目にしたウォンバットのそれは、なんとサイコロのように四角い形をしていたのだ。オーストラリアの人々の間では、ウォンバットが四角いフンをすることは周知のことだったそうだが、そんな動物は、ほかには知られていない。

ヤン氏は、この謎を解き明かそうと、世界中からプロフェッショナルを集め、研究チームを立ち上げた。

ヤン氏たちは研究当初、ウォンバットのお尻の穴が四角く、パスタを作るときのようにその四角い穴から排泄物を押し出しているのではないかという仮説をたてた。しかし、ウォンバットの肛門の形はいたって普通の丸形である。

食べ物が消化される際、フンの形に関係するのは腸による圧力である。つまり、フンの形は肛門ではなく、腸の形状によって決まる。そこで彼女らはウォンバットをＣＴスキャンにかけて体の内部を調査した。すると、フンが腸のなかで、四角く練り上げられるメカニズムが見えてきたのである。

その仕組みがあったのは、腸の肛門直前の1メートルの部分だった。そこでは腸の左右にある硬い筋肉が伸び縮《ちぢ》みして、フンを上下に押しつぶしていた。さらに腸の柔らかい部分の作用と相まって、フンはしだいに四角い柱のように成形される。その後、腸によって水分が吸収されると、柱の形だったフンは分裂し、みごとな立方体ができあがるというわけである。ウォンバットのフンが四角いのは、この独特の腸の構造によるものだった。

しかし、なぜウォンバットは、わざわざこんなに手の込んだフンをする必要があるのだ

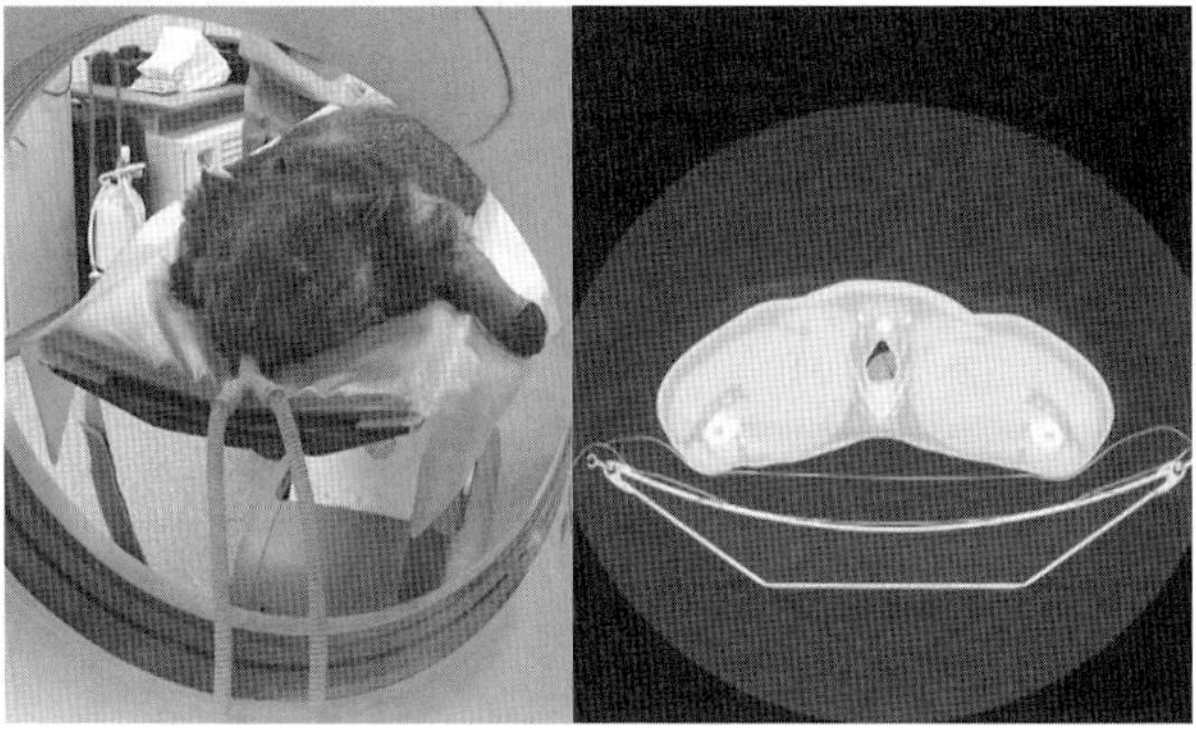

CTスキャンでウォンバットの体のなかを調査　©Scott Carver

ろう。

ウォンバットは通常、巣穴で暮らしており、縄張り意識がとても強い生物である。オーストラリアではウォンバットのテリトリーを避けて、道路をわざわざ迂回《うかい》するように作ることもあるほどだそうだ。しかし、フンをするときには巣から岩などの高い場所に出ていく。当然、高い場所で丸い乾燥したフンをすれば、斜面をコロコロと転がり、結果、テリトリーを維持しにくくなる。

対して、四角いフンであれば転がることはない。つまり、ウォンバットは縄張りをアピールするために、四角いフンをするほどの、涙ぐましい〝フン闘〟をしていると考えられている。

ちなみに、日本の動物園にいるウォンバット

四角く、転がらないウォンバットのフン　©Scott Carver

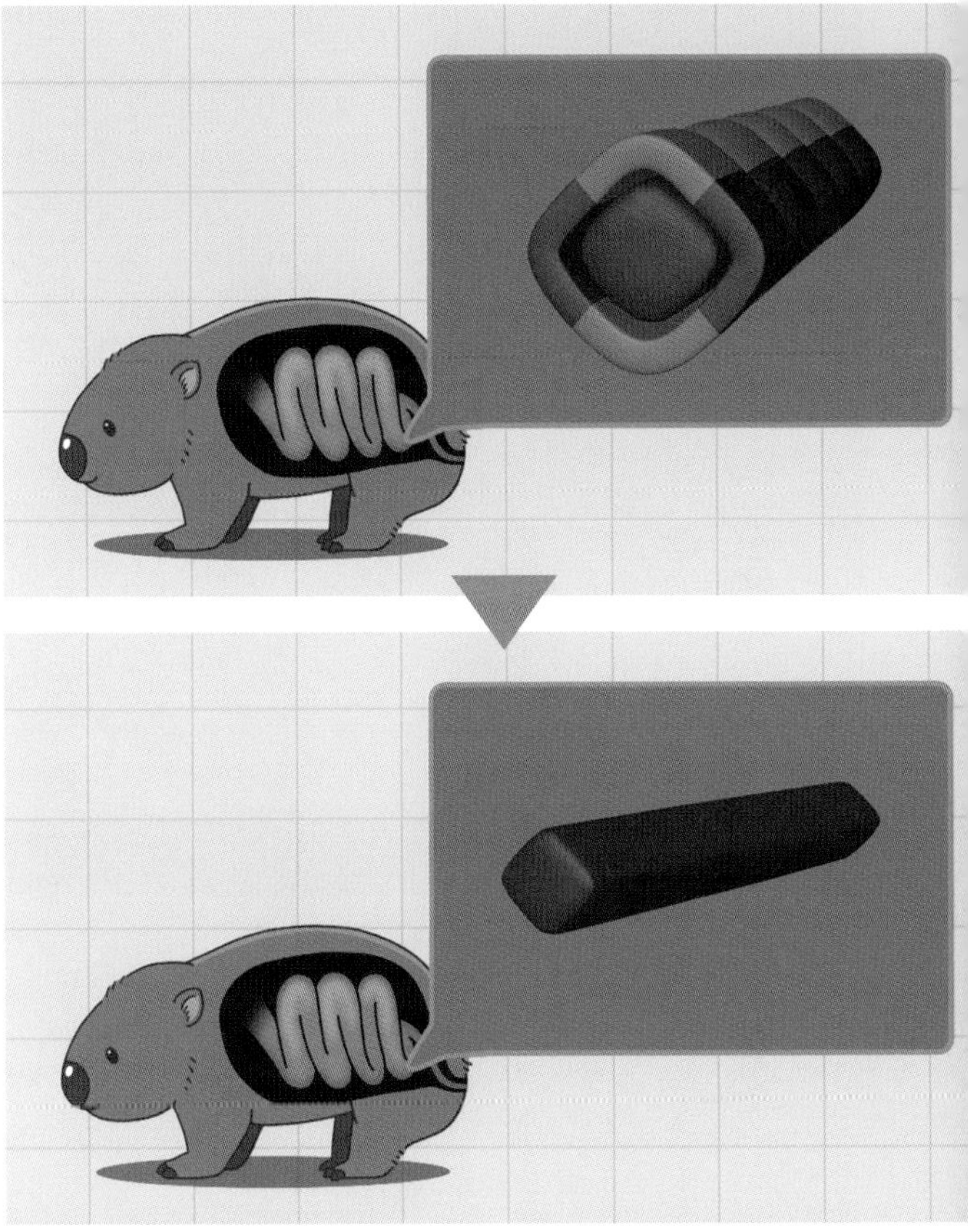

腸の肛門直前にある部分に秘密があった。腸の左右にある硬い筋肉が伸び縮みして、フンを上下に押しつぶす。柔らかい部分の作用と相まって四角い柱型のフンが形作られていく

2019年に、「なぜウォンバットのフンは立方体なのか」というテーマでイグノーベル賞を受賞したヤン氏　©ロイター／アフロ

のフンはというと、あまり四角くないそうだ。動物園で与えられているエサには、水分が多く含まれるため、さすがのウォンバットのフンも四角くなりにくいのである。

世にも珍しい四角いフンは、オーストラリアの大自然のなかに生きるウォンバットの、まさに見えざる〝腸能力〟によって生み出されたものだった。

8章

戦うということ

秘密兵器は臭い粘液――イシヤモリ

「社会生活は日々これ戦い、日々これ苦難」と言ったのは、「経営の神様」と呼ばれたパナソニックの創業者、松下幸之助《まつしたこうのすけ》だが、いつ天敵に遭遇するかわからない野生生物の世界こそ、日々戦いの連続だ。そんななかで、生物は独自に〝武器〟を進化させてきた。

南半球のオーストラリア、ニュージーランド、ニューカレドニアに分布するイシヤモリの仲間は、体長10センチ。かつてはヤモリ科に分類されていたが、イシヤモリ科の爬虫類である。細長い灰褐色の体に細かい黒色の点が特徴的で、小さい体ながら、大きな赤い目がなんとも気が強そう。

このイシヤモリのなかには怒らせると、少々始末が悪いものもいる。

敵に襲われると大きく口を開き、まず威嚇《いかく》。それでも相手がひるまないと、必殺技が繰り出されるのだ。イシヤモリはその胴体の後ろのほうから尾にかけて、発達したトゲ状の鱗《うろこ》をもつ。そのトゲから刺激臭のする粘液を勢いよく発射するのである。この粘液は、目

しっぽから粘液を噴射するキスジイシヤモリ　©Caters News／アフロ

に入るとひどく痛いそうで、敵もすごすごと退場となる。

しかし、ときにはこの秘密兵器、勢いがよすぎて、自分が発射した粘液をイシヤモリ自身がかぶってしまうことがある。そんなときでもイシヤモリは動じない。イシヤモリの目は、粘液がかかってもいいように、透明な膜で覆われているうえ、目が汚れてしまった場合には、長い舌をのばして掃除もできるのだ。

この高い危機管理能力、われわれも見習いたいところである。

ジャンピングヘッドバットで牛をも撃退

——アフリカウシガエル

アフリカ南東部のサバンナに生息するアフリカウシガエルは、カエル界の横綱。体長が14～20センチほどになる大型のカエルである。一般的にカエルはオスよりもメスのほうが大きくなるが、アフリカウシガエルは、オスのほうが大型化する。最大で24センチに達し、体重は1・4キロにもなることがある。

それもそのはず、とにかく食に対して貪欲なのだ。エサの少ない環境に生息しているため、獲物と見れば果敢に戦いを挑み、昆虫にはじまり、サソリ、小型の爬虫類や鳥類、小型の哺乳類までも食す。必要とあれば共食いもする。

そんな猛者であるアフリカウシガエルの武器は、並外れた跳躍力だ。ときには、そのみごとなジャンプ力で牛すら撃退することがある。

巨大な体に旺盛な食欲、共食いをもいとわないと、強面なファイターの一面ばかりが強調されがちだが、じつは意外な横顔もある。アフリカウシガエルは、メスではなくオスが子育てをするのである。

さすがに捕食するのには無理がある牛に戦いを挑んだのは、このときアフリカウシガエルが子育て中だったからこそ。カエル界の横綱は、カエル界の〝イクメン〟でもあった。

©AGE FOTOSTOCK／アフロ

アフリカウシガエルは、小型の鳥類や哺乳類をも食べてしまう

自然界の〝コンフィデンスマン〟
——スパイダーテイルド・クサリヘビ

この地球上では、年間1万8000もの新種が発見されている。なかでもイランの砂漠地帯で発見され、2006年に新種登録されたクサリヘビの一種は驚くべき武器をもっていた。

クサリヘビは、主成分の出血毒に加えて多量の神経毒をも含むため、すべてが危険種。なかには、20人もの人間を殺せる毒をもつといわれる最強の毒ヘビ、キングコブラ並みの種もいるほどだ。

すでに十分すぎる武器をもっているクサリヘビにもかかわらず、新たに発見された種は、さらなる武装をしていた。スパイダーテイルド・クサリヘビと名づけられたそのヘビは、その名の通り、尻尾の先がまるでクモそのものなのだ。

彼らの戦略はこうである。

スパイダーテイルド・クサリヘビは、尻尾を巧《たく》みに動かして獲物を待つ。もちろんその

尻尾の先にクモのような疑似餌を備え、
これを使って鳥などを捕食する
©Biosphoto／アフロ

尻尾の先には疑似餌となるニセモノのクモ。獲物は小さな昆虫を主食とする小鳥類だ。疑似餌のクモにまんまと騙《だま》された小鳥が尻尾をついばんだら最後、一瞬のうちに嚙み付いて仕留めてしまう。

そのクモの疑似餌は人間の目も欺《あざむ》くほど精巧にできている。しかし、獲物となる鳥は、渡り鳥が多いという。どうも同じエリアにすむ小鳥たちは、すでに疑似餌であることを見破っているそうだ。強烈な毒にリアルすぎる疑似餌と、二重に武装した自然界の〝コンフィデンスマン〟も、騙し合いのバトルは、そうそう楽ではないようだ。

砂漠に生きる小さな忍者——カンガルーネズミ

ポケットマウス科カンガルーネズミ属のカンガルーネズミは、カナダ南西部からメキシコまで北アメリカ西部の乾燥したステップや砂漠地帯、荒れ地の藪《やぶ》や草地に生息する。種によって大きさは異なるが、頭胴長9〜17センチ、体重30〜180グラムほどの小型の哺乳類だ。尾は体に比べると長く、12〜22センチほどもある。カンガルーのようにこの長い尾で体のバランスをとって、跳躍しながら行動するため、この名がついた。

2019年、アメリカ、サンディエゴ州立大学の行動生態学者、ルーロン・クラーク教授は、この小さなカンガルーネズミの驚くべき戦闘能力を論文で発表した。

クラーク教授は5ヵ月間砂漠にカメラを据え置き、カンガルーネズミと天敵であるヨコバイガラガラヘビの多くの戦いの様子を撮影した。

カンガルーネズミは、毒ヘビを前に絶体絶命かと思いきや、ひねりを加えた華麗なジャンプをしながら、空中でヘビにキックをくらわせ、逃げていくのだ。クラーク教授は、カ

豪快にジャンピングキックを決めて、ヘビから逃れるカンガルーネズミ

©University of California and San Diego State
University Research Foundation

ンガルーネズミvs.ヨコバイガラガラヘビの戦いを合計32回、カメラに収めることに成功した。そのうちカンガルーネズミが逃げることができたのは、25回にものぼったのである。

カンガルーネズミは、運動神経を研ぎ澄ませ、砂漠を生き抜く小さな忍者だった。

コラム

愛はハンデを乗り越えてこそ

クジャクのオスは、美しい飾り羽根をもっている。しかし、そのゴージャスな〝衣装〟は、春から夏の繁殖期限定の一張羅《いっちょうら》だ。繁殖期以外の時期にクジャクのオスにいくら飾り羽根を広げてほしいと願っても、それは叶《かな》わない。抜け落ちてしまうからだ。

クジャクのオスの飾り羽根が、メスにアピールするための道具というのは、すでに多くの人が知るところだろう。しかし、パートナーを魅了するためのものとしても、いささか度がすぎやしないだろうか。あんなに派手で大きな飾り羽根では、メスの目を引くと同時に、天敵の目までも引いてしまうはずだ。野生動物たちは、無駄にエネルギーを費《つい》やすことがない。それなのに、命の危険を冒してまで、あんな〝一張羅〟で身を飾りたてるクジャクのオスの姿をどう理解したらいいのだろう。

同じようなことがライオンのオスのたてがみにもいえる。黒くて立派なたてがみをもつオスほどメスにモテる。しかし、厳しい日差しが降り注ぐアフリカで生きるライオンにとって、黒いたてがみをもつことはひじょうにエネルギーとコストがかかる。黒く立派なたてがみをもつライオンほどモテるのはその通りなのだが、その分ストレスがかかり寿命が短くなるという研究結果も報告されている。

ライオンは恋のために命を削《けず》るのだが、そのライオンやチーターを天敵とするサバンナの草食動物ウシ科のガゼルにも、一見、不可解な行動が見られる。ライオンやチーターら天敵を前にした際、一目散に逃げるのではなく、挑発的にダンスを踊るかのように高く飛び跳ねるオスの姿が見られるのだ。命の危険にさらされている状態で、なぜさっさと逃げようとしないのだろうか。この高く飛び跳ねる行為はストッティングと呼ばれるが、どう考えても、エネルギー消費は激しいだろうし、目立つことによって、より危険を引き寄せているように見える。

1970年代、イスラエルの生物学者アモツ・ザハヴィは、生き延びるための効率重視であるはずの野生動物たちが時折見せる、こうした謎の行動に対してひとつの仮説にたどり着いた。

たとえばクジャクのオスの場合、派手な飾り羽根をもったオスのクジャクは、ほかの捕食動物に食べられてしまう危険性も高い。しかし、それにもかかわらず生き延びて、今ここにいるということは、それだけ試練をくぐり抜けてきた場数が多い、つまりは強いという証になるというのだ。こう考えれば、地味な飾り羽根のオスよりは、派手な飾り羽根のオスのほうが優れているというわけである。

派手な飾り羽根は、クジャクのオスにとって生きるためにはハンディキャップになる。しかし、その大きなハンデを乗り越えたものほど優れているという考えから、ザハヴィはこの考察を「ハンディキャップ理論」と名づけた。

前述のガゼルも、捕食者の前でわざわざストッティングをすることで、自分がいかに健康で強靭《きょうじん》な肉体をもつ個体であるかをアピールし、相手の戦意を喪失させることを目的にしているという。事実、ライオンやチーターは、われ先にと逃げ出す個体のほうを襲うことが確認されている。

ハンディキャップを背負いながらも、オレは勇ましく生きている！　一見、ダーウィンが提唱した自然淘汰に対しての挑戦とすら思える、オスたちのたくましい作戦。草食系が多くなったという人間社会のオスたちには、どう映るだろうか。

9章

隠れるということ

〝オモテウラ〟のある擬態名人――コノハチョウ

厳しい生存競争が繰り広げられる自然界にあって、生物は天敵に狙われないように、つまりは捕食者に食われないように、さまざまな戦略を身につけてきた。その代表的な戦略のひとつが「擬態《ぎたい》」である。

インド以東の東アジアの熱帯に生息するタテハチョウ科のコノハチョウは、生まれつきの〝擬態名人〟だ。

このコノハチョウは、樹液や腐《くさ》った果実が大好物。樹液を吸う際には、翅《はね》を閉じてぴたりと静止する。すると、コノハチョウは、枯れ葉と区別がつかなくなってしまう。それは、捕食者となる鳥の目も欺くほどのみごとさだ。しかし、このとき見えているのは裏側の翅。じつは表面の翅は、青紫の地にオレンジ色の縞《しま》が斜めに走るかなり鮮やかな色彩をしている。

コノハチョウの翅の表と裏は、同じひとつの個体のものとは思えないほどのギャップが

落ち葉と見分けがつかないコノハチョウ　©Minden Pictures／アフロ

ある。このギャップこそが周到なコノハチョウの戦略だった。

　捕食者である鳥には、色鮮やかな色彩の翅をもつチョウと思わせておいて、ピンチになると身を翻《ひるがえ》して枝に止まり、枯れ葉に擬態すれば、鳥を目くらましできるというわけである。コノハチョウは、〝裏表のある〟変装の達人だった。

木の枝に仮装する——エダナナフシ

捕食者は、エサとして価値のないものは狙わない。この当然の原理をうまく利用して天敵を欺くものもいる。このように捕食者にとって価値のないものに擬態することを「マスカレード（仮装）」という。

小さな鳥は、飛ぶための体力を維持するために、つねにエサを食べ続けなくてはならない。もし、エサと間違えて小枝や小石を狙えば、時間もロスするし、体力も無駄に消耗する。だからこそ、こうした鳥たちは、幼い頃から、エサの見分け方をコツコツ学ぶ。この習性を利用して、小枝や石にみごとに化けるものもいる。エサとなる側の昆虫たちも、生きるためにさまざまな技を身につけてきた。

ナナフシ科に属するエダナナフシは、体長7～10センチ。本州、四国、九州の山野で普通に見られる昆虫である。触角は長く、翅をもたない。体色には、緑、黄緑、褐色などの型があり、いずれも木の枝と紛《まぎ》らわしく見えるため、この名がついた。

じつは最近の研究で、仮装する生物における進化は、捕食者の経験と認知の仕組みによるものと証明された。

　つまり、鳥たちは小枝に似たエダナナフシを発見できないのではなく、間違えて小枝を食べてしまった経験のある鳥が捕食することを躊躇《ちゅうちょ》するため、結果的にエダナナフシが生き延びる確率が高くなるというわけである。

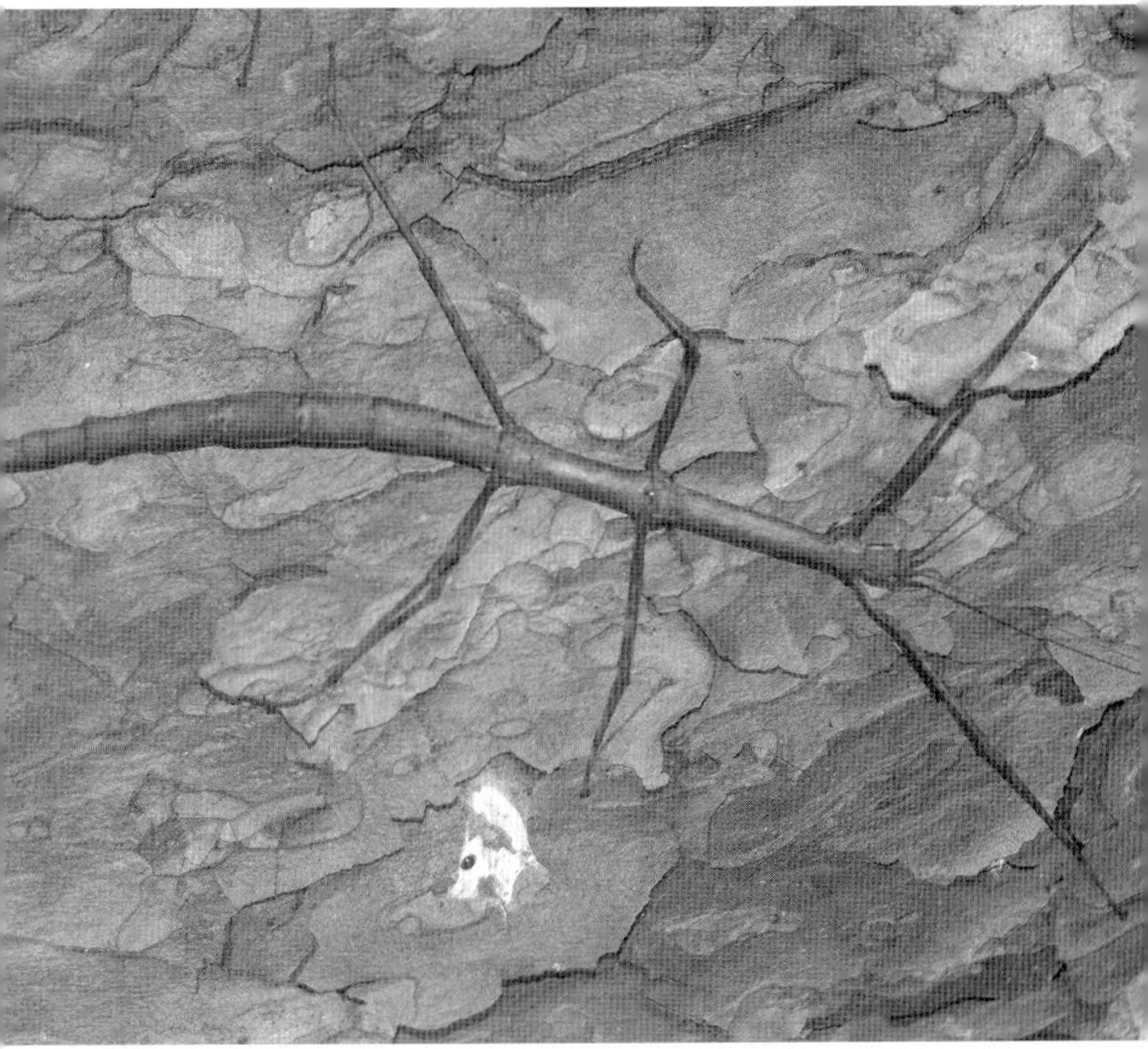

擬態名人として名高いエダナナフシ　©香田ひろし／アフロ

高スペックのカモフラージュ――モンウスギヌカギバ

モンウスギヌカギバは、日本の本州、四国、九州をはじめ、中国、インド、マレーシアに生息するカギバガ科のガである。擬態テクニックの高い昆虫は多くいるが、モンウスギヌカギバのカモフラージュの巧みさは別次元なのかもしてない。

鱗翅目《りんしもく》であるモンウスギヌカギバの大きさは33～45ミリほど。その白い翅を見ると、両翅に1匹ずつ、計2匹のハエがとまっているように見える。しかも茶色いフンのようなものまでつけている。じつはこのハエの姿は、翅の模様。その完成度は子どものお絵かきレベルではなく、スーパーリアリズムのプロの画家レベルだ。

このガの天敵の多くは、鳥のフンに群がる昆虫を避けるといわれているそう。つまりこのハエの模様が、天敵から身を守るための〝防御服〟になっている可能性がある。

しかも、モンウスギヌカギバは、実際の鳥のフンと同じような刺激臭まで放つとの観察事例もある。本当だとすると、これは恐るべし高スペックのカモフラージュで、科学的な

フンにハエが群がる模様で、外敵を遠ざけているとも
©Minden Pictures／アフロ

実証が待ち遠しい。

じつは、世界にはまだ実証されていないが、巧妙なカモフラージュを行なっていると思われる生物がたくさんいる。そうした生態を研究することは、とてもワクワクしたものになるだろう。

ヘビの威を借るイモムシ――スズメガの幼虫

クマやウサギの着ぐるみを身にまとった子どもの姿を見ると、思わずその愛らしさに、頬《ほほ》がゆるむ。しかし、スズメガの一種の幼虫イモムシの場合は、ギョッと飛び退《の》く。なにしろ、このイモムシ、ヘビの頭そっくりに擬態するのだから。

スズメガは、中型から大型のガで、大きいものになると、翅を広げると150ミリを超える。全世界で1000種以上分布しており、日本にも70種が記録されている。

イモムシは自然界の多くの生物にとって、絶好の獲物だ。とくに成虫になる時期が近づくと、体の脂肪分が増えるため、よりおいしいご馳走になる。そこで、イモムシは、自分の身を守るためにさまざまな擬態を身につけた。

スズメガの仲間のなかには、イモムシ時代、大胆にも捕食者の天敵になるヘビに化けることができる巧者がいるのだ。イモムシは驚くと、体の前方をふくらませて、鱗をまねた体表、目玉のような斑点などを繰り出し、ヘビになりすますのである。

幼いながらも自分の身は自分で守る、その心意気はあっぱれなのだが、すでにヘビの威を借るという高度な処世術を身につけたイモムシは、いささか末恐ろしい存在でもある。

一見ヘビにしか見えないスズメガの幼虫の擬態　©Photoshot／アフロ

コラム

擬態のススメ

食うか食われるかの厳しい生存競争を勝ち抜き、生き残ってきた生物たちは、さまざまな戦略を身につけている。その代表的なもののひとつが「擬態」である。

擬態とは、生物がほかの生物や無生物などとそっくりの形や色彩、行動によって、おもに自らの命を脅かす捕食者を騙す現象のことをいう。

「嘘も方便」というが、まさに「嘘は延命」。そして、そうした命がけの騙しのテクニックは、手練《てだ》れの詐欺師も真っ青になるほど巧妙だ。

擬態には、大きく分けて、まったく逆の効果をもつふたつの方法がある。ひとつは、騙される者に対して、自分の存在を目立たないようにする隠蔽的な擬態。敵と戦う武器をもたない生物が進化の過程で編み出した戦略である。毒ヘビのように毒をもたず、角《つの》や牙《きば》もない、か弱い生物にとって、隠れることこそが、もっとも有効な生存戦略なのだ。

もうひとつは、逆に自らの姿をアピールする標識的な擬態だ。こうした擬態をする生物は、「自分は強いぞ」「まずいぞ」「危険だぞ」などという警告シグナルを発することで、捕食者を遠ざけて生きる道を選んだ。

前者の場合は、小枝とそっくりに化けるエダナナフシをはじめ、基本的に背景や自然のなかに、自分の姿を溶け込ませることが多い。騙される方は、多くの場合はそれを捕食する側だが、逆に擬態して騙し討ちにする捕食者もいる。

後者の場合は、たとえばスズメガの幼虫であるイモムシがそうだ。天敵に有毒・有害であることを知らせるような派手な色彩をあえてまとって、命の危険を回避しようとする。

また、天敵に食べられることを避けるのではなく、エサを得るために積極的に擬態する生物もいる。

たとえば花とそっくりの姿になって虫を待ち伏せるカマキリ、にせのエサをちらつかせることで、ほかの魚をおびき寄せるアンコウなどがそれにあたり、これは「攻撃型擬態」、あるいは提唱者であるジョージ・ペッカム博士の名前をとって「ペッカム型擬態」と呼ばれている。

さらには、自分の体の一部、たとえば目とそっくりな模様を体のほかの部分にもち、敵の攻撃をそらす魚やチョウもいる。これは「自己擬態」と呼ばれるテクニックである。

数多《あまた》の試練を乗り越え、生き残ってきた生物が、その進化の過程で身につけてきた対捕食者戦略である擬態。その技のなかには、人間の想像をはるかに超えた高度な騙しのテクニックがまだまだ存在する。

これほどまでに必死で、かつ洗練された生物たちの嘘ならば、きっと地獄の閻魔様《えんまさま》も舌を抜くことなどせずに、笑顔で許してくれるだろう。

10章

進化の不思議——どうしてそうなった？

人間すぎる花——オルキス・イタリカ

ラン科の植物は、約700属2万5000種からなり、被子《ひし》植物のなかで、キク科と並んでもっとも大きな科である。植物のなかでも新しく出現したラン科の仲間は、ほかの植物との生存競争に勝ち残るため、生息地や環境に適応した多種多様な姿をしたものが見られる。そのため、地球上でもっとも進化した植物といわれている。

そんなラン科の植物のなかでもオルキス・イタリカは、地中海地方に分布するランで、学名は「イタリアの蘭」を意味する。そして、いったいどうしてこうなった？　と思わずにはいられない不思議な花姿をしているのだ。

ひとつの花の大きさはおよそ2センチで、かなり小型のランだが、よく見てみると、ストライプの大きな帽子をかぶった人の姿にそっくり。胴体から長く伸びた手足は、どこから見ても人間そのものである。

英語では「Naked Man Orchid（裸の男の蘭）」という俗称で呼ばれている。女性では

たくさんの裸の男がいるように見える　©Alamy／アフロ

なく、男性であるのは、写真をよく見ていただくと合点《がてん》がいくだろう。

〝華のある人間〟ならぬ、人間のような花オルキス・イタリカ。2015年、世界らん展で日本初公開された際には、「蘭の妖精」として注目の的《まと》となった。その不思議な花姿で多くの人々を虜《とりこ》にした、まさに〝華のある蘭〟である。

ホラーすぎる花――キンギョソウ

妖精のような花があれば、背すじが凍るような花もある。

ヨーロッパ原産のキンギョソウは、オオバコ科（ゴマノハグサ科に分類される場合もある）の多年草。基部から分枝して茎頂《けいちょう》に金魚に似た花を穂状に多数つけるため、この名がある。開花時期は4～6月。花は一重咲き、八重咲きとヴァリエーションに富み、花色も豊富なため、園芸品種も多く出回る。また色鮮やかで愛嬌のある花姿で、甘い香りを放つため、切り花としても好まれる。

花言葉のひとつは、「おしゃべり」。たしかに、金魚が口をぱくぱくさせているような様を彷彿《ほうふつ》とさせる花姿にぴったりだ。そんな花がなぜホラーすぎるのか？

キンギョソウの花からは想像のつかない意外な正体が暴かれるのは、花が枯れたあとのこと。種子を包んでいた殻《から》が弾けた様子を見てみると――。

かつてはあんなにかわいらしかった金魚が、なんとどこから見てもドクロそのものに化けているのだ。大きく開いた穴は骸骨《がいこつ》の目と口にそっくり。この大きな穴は、より多くの種子を拡散しようとするためのものである。

　西洋では、キンギョソウを庭に植えると、呪いや魔術などの災いから身を守ってくれるといわれているが、確かにこのドクロのサヤは、それくらいのインパクトがある。

　キンギョソウのブーケを贈る際には、くれぐれもご注意いただきたい。

枯れたあとのサヤはどう見てもドクロ　©Alamy／アフロ

小さすぎる爬虫類――ヒメカメレオン

カメレオン科ヒメカメレオン属の一種であるツブヒメカメレオンやミクロヒメカメレオンは、人間の手の指先にちょこんと乗るほどに小さい。大人でも頭から尻尾の先までわずか3センチほどの大きさだ。

ミクロヒメカメレオンが発見されたのは、アフリカ南東部の沖合、約400キロに浮かぶマダガスカル島近くの小島ノシ・ハラ島。2012年の発見当時は、世界最小の爬虫類とされた。オスはメスよりもさらに小さく、約1・6センチほど。

極小とはいえ、ヒメカメレオンの生態や形態は一般のカメレオンと同様、立派なものだ。丸くドーム状に突き出した特徴的な目は、くるくると左右別々に回転して異なった方向を見ることができるし、もちろん長い舌ももっている。しかし、あまりにも小さすぎて、自分の舌の重さでつんのめってしまうことも。

また、カメレオンは昼行性の爬虫類だが、ヒメカメレオンは日中、腐葉土《ふようど》のなかに生息

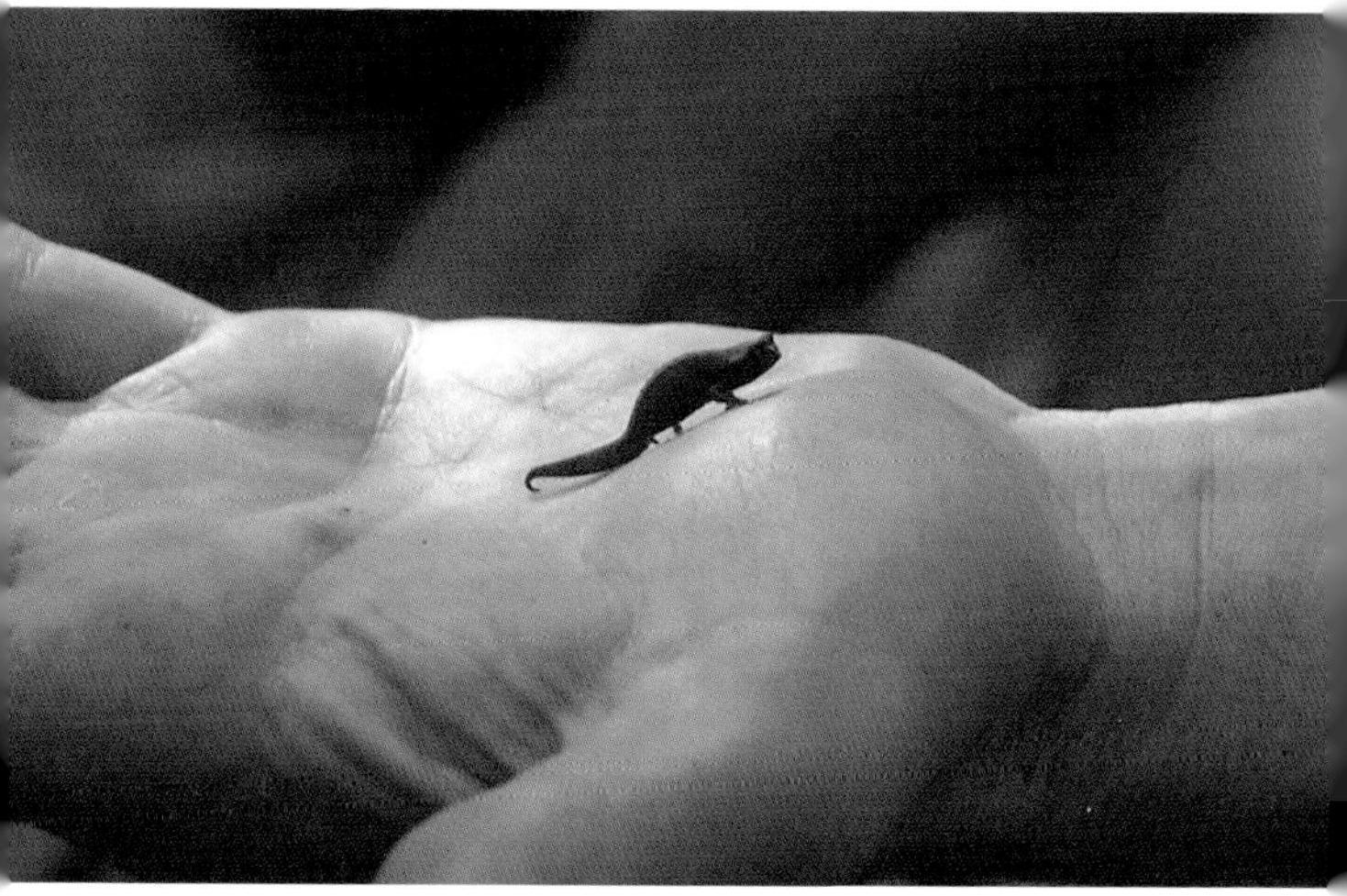

大きくなることだけが生き残る術ではないと教えてくれるツブヒメカメレオン
写真：NHK「ダーウィンが来た！ 生きもの新伝説」より

し、夜になると木の枝を10センチほどのぼって眠るという。

なぜヒメカメレオンは、これほどまでに小型化したのだろうか。ヒメカメレオンの祖先が食べ物が少ない過酷な環境に一時期置かれたとされ、そうした状況下でも生き抜き、数を増やすためミクロ化したからではないかと考えられている。

しかし小さいゆえの苦労はたえないようで、とまっている枯れ葉などの上に雨粒が落ちてくると、その衝撃で弾き飛ばされてしまうこともあるそうだ。そんな姿を見ると、つい、がんばれ！ と応援したくなるかわいいヤツである。

大きすぎるクチ——フクロウナギ

今や懐かしい昭和の時代、社会問題にまで発展した「口裂け女」。「わたし、キレイ？」と尋ねてきた若い女性がマスクを外すと、その口は耳元まで大きく裂けていた……という都市伝説である。まさにそんな口裂け女を地でゆく生物が海にいる。

ウナギ目フクロウナギ科の海水魚のフクロウナギである。分類学上、ウナギ目とは別目のフウセンウナギ目に含める研究者もいる。世界中の温帯から熱帯海域の深海500～3000メートルに生息し、最大全長は80センチほど。頭は大きいが、頭骨は小さく、そしてなによりも口が異常に大きい。その大きな口を袋状に広げて、エビ類などの獲物を誘い込み、口を閉じて水だけを排出し、ごくりと飲み込む。

こんなに大きな口をもっていれば、さぞや大きな獲物でも丸飲みできるだろうと思うのだが、そんなに人生——いや、魚生——甘くない。じつはフクロウナギは、立派な口をもちながら、拡張性の胃をもたないこと、さらに口が丈夫ではないこと、おまけに歯が弱い

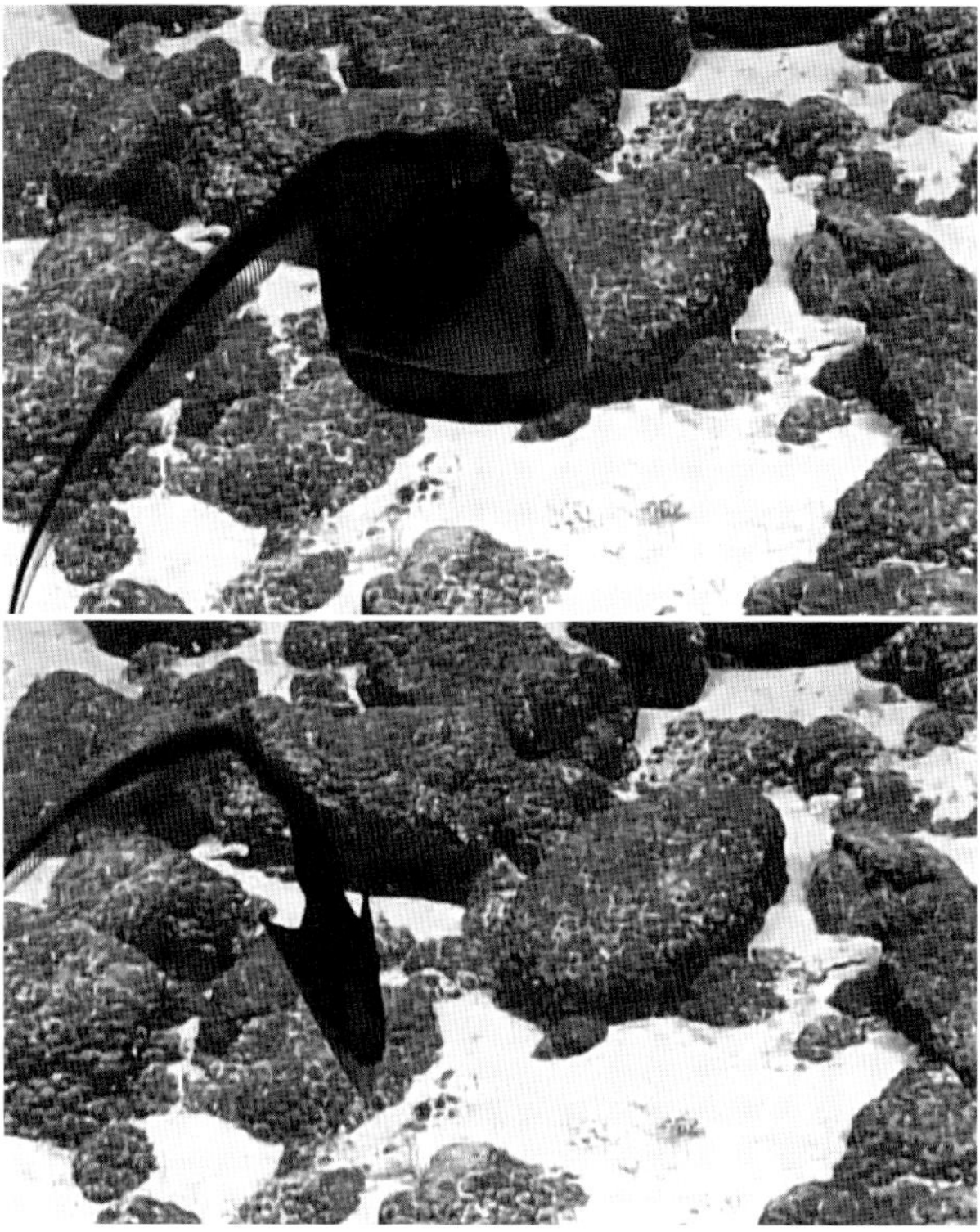

巨大な口で獲物をひと飲みにするフクロウナギ
©OET／NautilusLive.org

ことなどから、大きな獲物を捕食できないのだ。無理をすると、華奢《きゃしゃ》なアゴの骨が折れて死んでしまうこともあるという。

なんとも不《ふ》憫《びん》な大食いモンスターである。

コラム

何が生物の形を決める？

主《しゅ》なる神は、野のあらゆる獣《けもの》、空のあらゆる鳥を土で形づくり、人のところへ持って来て、人がそれぞれをどう呼ぶか見ておられた。人が呼ぶと、それはすべて、生き物の名となった。

（中略）

主なる神はそこで、人を深い眠りに落とされた。人が眠り込むと、あばら骨の一部を抜き取り、その跡を肉でふさがれた。そして、人から抜き取ったあばら骨で女を造り上げられた。（『旧約聖書』「創世記」新共同訳）

「初めに、神は天地を創造された」から始まる、「創世記」の一節である。長い間、地球上の生物は神の創造物と信じられていた。しかし、われわれはもはや、本書で紹介してきたような奇妙な生物から、草原を疾走する動物、大空を飛ぶ鳥、海を悠々と泳ぐ魚、ともに暮らすイヌやネコといったペットにいたるまで、多種多様な生物は、すべて共通の祖先から進化したことを知っている。そしてその祖先は、父なる神の指先ではなく、たったひとつの単細胞生物である。

世界には、なぜこれほどさまざまな生物がいるのだろう。これは、過去から現在にいたるまで、多くの人々を魅了し続けている大いなる謎である。生物における多様性は進化の賜物《たまもの》だが、果たしてどんなプロセスをたどってきたのだろうか。原始的な単細胞生物が集まって多細胞となったとしても、それだけで多様な形ができあがるわけではない。

細胞が発見されたのは、17世紀のこと。発見者は、イギリスの科学者ロバート・フックである。さらにすべての生物が細胞からできていると考えられるようになったのは、今からわずか180年ほど前の19世紀前半のことだった。そして生物の特徴を実現させている実体こそがこの細胞である。

生物の体は数多くの細胞でできている。たとえば人体は約37兆の細胞からなり、細胞核のなかには長い鎖状の分子、DNA(デオキシリボ核酸)がつまっている。DNAは基本単位が繰り返しつながることで、長いひも状の分子をつくる。DNA分子のなかには、アデニン(A)、チミン(T)、グアニン(G)、シトシン(C)の全部で4種類の化合物の塩基《えんき》が含まれており、そしてこの塩基の並び方によって、遺伝情報が記録される仕組みだ。

そしてそのATGCこそが、「ゲノム」という「生命の設計図」に書かれた文字である。遺伝子を含む染色体であるゲノムは、一つひとつの細胞に1セットとして伝達されており、生物の体はこのゲノムの情報にもとづいて形づくられ、機能している。

そのため、動物同士の形のちがいは、ゲノムの差異によるものだと考えられてきた。しかし2003年、約30億にもおよぶヒトのゲノムのほぼ全塩基配列が解読されるなど、ゲノム解析が飛躍的に進むと、ヒトとチンパンジーがもっている遺伝子は非常によく似ていることがわかってきたのである。再び、研究者たちは、19世紀の人々と同じように、生物における外見上の形態や生理的形態（表現型）の多様さの不思議に向き合うことになった。

そこで注目されるようになったのが、アミノ酸を作り出す塩基配列ではなく、遺伝子の発現を調整する配列（エンハンサー）。エンハンサーは、適切な時期と部位で遺伝子を発現させるスイッチとしての役割をもち、個体発生を綿密に制御している。このエンハンサーに変異が起きることでほかの部位での遺伝子の働きを変えることなく、特定の部分だけで変化が起きるとされ、そのメカニズムの解明に向けた研究が進んでいる。

スーパーコンピューターをはじめ、テクノロジーが高度に発達した現代においても、生物に秘められた謎は、いまだ尽きることはない。そして同時に、そうした生物への絶えることのない探究心や好奇心こそが、「自分とは何者か」という永遠の問いに向き合い続ける、われわれ人間の生きる力になっているのかもしれない。

あとがき

〝へんてこ〟という言葉にはなんともいえない味わいがあります。「おまえ、ヘンだぞ」といわれるとなんとなく深刻な感じがしますが「おまえ、へんてこだぞ」といわれると、なんとなく間が抜けたユーモアが漂います。〝変〟に〝てこ〟という接尾語がついただけで明るいニュアンスになってしまう言葉の妙。〝もののあはれ〟や〝いとをかし〟にも匹敵する珠玉の日本語だと思います。

そんな〝へんてこ〟を極めた生きものたちを人類の大先輩とあがめ、彼らの生き方から人生を明るく前向きにする指針を学んでいく番組……それが「へんてこ生物アカデミー」です。

スタジオ収録では、出演者の皆さんには、ほとんど打ち合わせなしで、いきなりVTRを見ていただくようにしています。このときMCの林修塾長とゲスト（研究生）のやりとりが素晴らしい。生き馬の目を抜く芸能界の第一線でサバイバルしてきた方々は生きものの個性に共鳴するのでしょうか、毎回、含蓄ある言葉の連発に舌を巻いてしまいます。

たとえばスローライフを極めつくした〝ナマケモノ〟の生存戦略に触れたハライチお二人のコメント。

「もうナマケモノとは呼べない。〝ホンキモノ〟だ！」

自然界は強い者が勝ち残る〝弱肉強食〟の世界と思いきや、武器や俊敏さももたないながらも、しっかり生き延びている生物がいる――その驚きと感銘をあらわしたみごとなキャッチフレーズです。

番組づくりは、世界中から最新のへんてこ生物の情報をかき集めるところから始まります。リサーチ報告を一覧していると、何とも言えない不思議な気持ちに陥ることがあります。「もしかして、この番組に取り上げられるのを待っていたのではないか？」と錯覚してしまうような、〝へんてこの極め付き〟がいるからです。

最たる例が、本書でも紹介されているモンウスギヌカギバというガの仲間。翅にイラストレーターが描いたようなハエの模様をつけて、〝私はハエがとまるような鳥のフンにすぎませんので、天敵さん、どうか見逃してください〟とアピールしているというのです。

　想像のはるか斜め上をいく〝フンへの擬態〟……。

「よりによってなぜフンになる道を選んだのか？」「せっかくそんな才能があるなら、その努力をもっとちがう方向に向けるべきなんじゃないの？」などとツッコミたくなってきます。あくまでも人間目線の野暮な見方ではありますが……。

　もしかしたら大自然の創造主は、けっこう酔狂な面ももっていて、時折、気まぐれで人間ウケを狙った大喜利を楽しんでいるのかもしれません（!?）

　いずれにしても、へんてこ生物は、どこかユーモアや哀愁を漂わせながら、大自然の多様さと、懐の深さを感じさせてくれます。人間社会には〝強い者が勝つ〟とか〝カッコいいものがモテる〟などといった固定観念がありますが、勝敗や優劣、善悪などのモノサシにとらわれるのは、私たちの〝考え方のクセ〟でしかなく、生きものたちは、それぞれが自由で型破りな生存戦略で、与えられた生を謳歌しているようです。

　番組を通じて、生物界は、ときに騙したり、逃げたり、群れたり、引きこもったり……命をつなぐためならなんでもありなのだ、ということを実感しました。

　異性にモテようと奇妙なダンスを踊ってフラれちゃう鳥の姿は身につまされますが、何度フラれてもチャレンジする一途さを見ていると、だんだん勇気が湧いてきます。チョウチンアンコウのオスなどは出会ったメスの体に食らいつき、ついには癒着してしまいます。出会いの機会が極端に少ない深海で子孫を残すための〝死にものぐるいの一期一会〟です。凶暴な毒ヘビに果敢にキックを食らわせるカンガルーネズミは、がむしゃらにがんばれば誰でもスーパーヒーローになれるという希望を与えてくれます。

世間の良識に縛られクヨクヨ悩んでいるとき、厳しい環境のなかでしたたかに生き抜こうとがんばるへんてこ生物の姿に、なんだか神々しさまで感じるようになってきます。

番組の最初の回で地球上に生命が誕生してから現在に至るまでの38億年というスケールを2メートルの巻物に表してみたことがありました。単細胞生物の時代、多細胞生物の時代を経て、生物が多様化し、魚の時代となり、恐竜の時代、哺乳類の繁栄があって……パッと見ると、人間の時代がないように見えます。

じつは、年表の最後のラインのように見えた細い筋、これが人類の歴史だったのです。火や道具を使い、農業を始め、芸術を生み、科学技術（文明）を発展させた激動の700万年も地球スケールからするとホンの一瞬でしかないのです。下手をすれば、はかなく自滅の道を進みかねない私たち。今こそ、へんてこ生物から真に豊かに生き延びる術を謙虚に学ぶ時なのでしょう。

もしかしたらへんてこ生物から見ると〝新参者〟の人間こそが、頭でっかちで恐ろしい奇想天外な生き物なのかもしれません。ともあれ、私たちも含め、世界にはまだまだ知られざる〝へんてこ〟があふれているようです。

生命という底知れないミステリーを湛《たた》えた地球に敬意を表しつつ――へんてこ万歳！

「へんてこ生物アカデミー」ディレクター

テレコムスタッフ　佐久間 務

番組情報

NHK「へんてこ生物アカデミー」
（放送　2016 年 4 月 1 日、2017 年 3 月 18 日、2020 年 8 月 13 日）

リサーチャー：　箕輪洋一、山本美和、林さな恵

ディレクター：　佐久間務、立川修史、岩田有正、村松鮎美、新山正彰、高田隆次郎、横田淳大、井城元

プロデューサー：山本玲実

制作統括：　井上智広、齋藤倫雄、石井太郎、増田順

制作協力：　テレコムスタッフ

制作：　NHK エデュケーショナル

制作・著作：　NHK

切りとり線

★読者のみなさまにお願い

この本をお読みになって、どんな感想をお持ちでしょうか。祥伝社のホームページから書評をお送りいただけたら、ありがたく存じます。今後の企画の参考にさせていただきます。また、次ページの原稿用紙を切り取り、左記まで郵送していただいても結構です。

お寄せいただいた書評は、ご了解のうえ新聞・雑誌などを通じて紹介させていただくこともあります。採用の場合は、特製図書カードを差しあげます。

なお、ご記入いただいたお名前、ご住所、ご連絡先等は、書評紹介の事前了解、謝礼のお届け以外の目的で利用することはありません。また、それらの情報を6カ月を越えて保管することもありません。

〒101－8701（お手紙は郵便番号だけで届きます）
祥伝社　新書編集部
電話03（3265）2310
祥伝社ブックレビュー　www.shodensha.co.jp/bookreview

★本書の購買動機（媒体名、あるいは○をつけてください）

＿＿＿＿新聞の広告を見て	＿＿＿＿誌の広告を見て	＿＿＿＿の書評を見て	＿＿＿＿のWebを見て	書店で見かけて	知人のすすめで

★100字書評……すごい！ へんてこ生物

名前

住所

年齢

職業

NHK「へんてこ生物アカデミー」制作班

NHK 総合テレビの特番「へんてこ生物アカデミー」を企画・制作しているチーム。番組はこれまで3回放送され、そのたびに“へんてこ生物”にどっぷりつかる期間を過ごしている。文系と理系のメンバーがうまくかみ合って演出を考えていくのが特徴。

すごい！ へんてこ生物《せいぶつ》——ヴィジュアル版

NHK《えぬえいちけー》「へんてこ生物《せいぶつ》アカデミー」制作班《せいさくはん》／監修

2020年10月10日　初版第１刷発行

発行者……………辻 浩明
発行所……………祥伝社《しょうでんしゃ》
〒101-8701　東京都千代田区神田神保町3-3
電話　03(3265)2081(販売部)
電話　03(3265)2310(編集部)
電話　03(3265)3622(業務部)
ホームページ　www.shodensha.co.jp

装丁者……………盛川和洋
印刷所……………萩原印刷
製本所……………ナショナル製本

造本には十分注意しておりますが、万一、落丁、乱丁などの不良品がありましたら、「業務部」あてにお送りください。送料小社負担にてお取り替えいたします。ただし、古書店で購入されたものについてはお取り替え出来ません。
本書の無断複写は著作権法上での例外を除き禁じられています。また、代行業者など購入者以外の第三者による電子データ化及び電子書籍化は、たとえ個人や家庭内での利用でも著作権法違反です。

© NHK 2020
Printed in Japan　ISBN978-4-396-11613-2　C0245

〈祥伝社新書〉
大人が楽しむ理系の世界

318
文系も知って得する理系の法則
生物・地学・化学・物理――自然科学の法則は、こんなにも役に立つ
元・慶應義塾高校教諭 佐久《さく》 協《やすし》

338
大人のための「恐竜学」
恐竜学の発展は日進月歩。最新情報をＱ＆Ａ形式で
北海道大学准教授 小林快次 監修
サイエンスライター 土屋 健 著

397
超ディープな深海生物学
二人の研究者が、極限の環境でせめぎ合う深海生物の生態に迫る
広島大学教授 長沼 毅
葉山しおさい博物館 倉持卓司

490
オスとメスはどちらが得か？
生物界で繰《く》り広げられているオスとメスの駆け引き。その戦略に学べ！
静岡大学農学部教授 稲垣栄洋《ひでひろ》

430
科学は、どこまで進化しているか
「宇宙に終わりはあるか？」「火山爆発の予知は可能か？」など、6分野48項目
名古屋大学名誉教授 池内 了《さとる》

〈祥伝社新書〉
大人が楽しむ理系の世界

290
ヒッグス粒子の謎
なぜ「神の素粒子」と呼ばれるのか？　宇宙誕生の謎に迫る
東京大学准教授　浅井祥《しょう》仁《じ》

229
生命は、宇宙のどこで生まれたのか
「宇宙生物学（アストロバイオロジー）」の最前線がわかる
神戸市外国語大学准教授　福江　翼

475
宇宙エレベーター　その実現性を探る
しくみを解説し、実現に向けたプロジェクトを紹介する。さあ、宇宙へ！
東海大学講師　佐藤　実

215
眠りにつく太陽　地球は寒冷化する
地球温暖化が叫ばれるが、本当か。太陽物理学者が説く、地球寒冷化のメカニズム
神奈川大学名誉教授　桜井邦《くに》朋《とも》

242
数式なしでわかる物理学入門
物理学は「ことば」で考える学問である。まったく新しい入門書
桜井邦朋

〈祥伝社新書〉
「能力」を磨く

409
ビジネススクールでは教えてくれないドラッカー
アメリカ式経営では「正しく」失敗する。今の日本に必要なのはドラッカーだ！
慶應義塾大学教授 菊澤研《けん》宗《しゅう》

306
リーダーシップ3.0 カリスマから支援者へ
中央集権型の1.0、変革型の2.0を経て、現在求められているのは支援型の3.0である
慶應義塾大学SFC研究所 小杉俊哉

557
自分マーケティング 一点突破で「その他大勢」から抜け出す
1％の天才を除く99％の凡人が生き残るための戦略を、豊富な事例と共に披露
コピーライター 川上徹也

530
性格スキル 人生を決める5つの能力
大人になってからも伸ばすことができる〝ビッグ・ファイブ（5つの能力）〟とは？
慶應義塾大学大学院教授 鶴 光太郎

400
最強のコミュニケーション ツッコミ術
「会話の上手下手の分かれ目は、ここにあった！」齋藤孝氏推薦！
放送作家・漫才作家 村瀬 健

〈祥伝社新書〉
医学・健康の最新情報

314
「酵素」の謎
なぜ病気を防ぎ、寿命を延ばすのか
人間の寿命は、体内酵素の量で決まる。酵素栄養学の第一人者がやさしく説く
医師 鶴見隆《たか》史《ふみ》

348
臓器の時間
進み方が寿命を決める
臓器は考える、記憶する、つながる……最先端医学はここまで進んでいる！
慶應義塾大学医学部教授 伊藤 裕

572
「超・長寿」の秘密
110歳まで生きるには何が必要か
長寿のカギは遺伝子にある。「遺伝子が使われる」生活とは？
伊藤 裕

438
腸を鍛える
腸内細菌と腸内フローラ
腸内細菌と腸内フローラが人体に及ぼすしくみを解説、その実践法を紹介する
東京大学名誉教授 光岡知《とも》足《たり》

319
本当は怖い「糖質制限」
糖尿病治療の権威が警告！ それでも、あなたは実行しますか？
医師 岡本 卓《たかし》

〈祥伝社新書〉
医学・健康の最新情報

190
発達障害に気づかない大人たち
ＡＤＨＤ、アスペルガー症候群、学習障害……全部まとめて、この1冊でわかる
福島学院大学教授 星野仁《よし》彦《ひこ》

356
睡眠と脳の科学
早朝に起きる時、一夜漬《いちやづ》けで勉強をする時……など、効果的な睡眠法を紹介する
杏林大学名誉教授 古賀良彦

404
科学的根拠にもとづく最新がん予防法
氾濫《はんらん》する情報に振り回されないでください。正しい予防法を伝授！
国立がん研究センター がん予防・検診研究センター長 津《つ》金《がね》昌一郎

458
医者が自分の家族だけにすすめること
自分や家族が病気にかかった時に選ぶ治療法とは？ 本音で書いた50項目
医師 北條元治

597
120歳まで生きたいので、最先端医療を取材してみた
ミニ臓器、脳の再生、人工冬眠と寿命、最新がん治療……新技術があなたを救う
実業家 堀江貴文 著
予防医療普及協会 監修